MW01230545

Neuro Disciplina

Tecniche di Biohacking e Neuroscienze per aumentare la tua disciplina, costruire abitudini sane e positive, e sconfiggere la natura impulsiva e distratta del tuo cervello

Roberto Morelli

4

Prima di iniziare la lettura, inquadra il seguente QR Code per scaricare un libro **gratuito** intitolato *"I 7 Segreti della Comunicazione Persuasiva"*.

Una breve guida pratica in grado di darti le conoscenze necessarie per migliorare le tue abilità comunicative, perfettamente complementare al libro che stai per leggere.

Scaricarla è semplicissimo: prendi il tuo smartphone e inquadra questo codice QR con la fotocamera.

Indice

Introduzione

Arriva per tutti un momento nella vita in cui bisogna fare i conti con sé stessi. Qualcosa ci permette di aprire gli occhi, di renderci conto che forse non tutto è come avremmo voluto che fosse. La distanza tra la realtà e i nostri sogni sembra quasi incolmabile... Lo sconforto prende il sopravvento.

Eppure dentro di noi, in fondo, sappiamo benissimo cosa bisognerebbe fare. Sappiamo che rimboccandoci le maniche, potremmo raddrizzare la situazione. Eppure... Nulla sembra riuscire a scrollarci dal torpore in cui siamo: "tanto non ce la farò mai", continuiamo a ripeterci, come un mantra, come una ninna nanna.

Il problema è che, a furia di continuare a ripetercelo, finiamo per crederci. Finiamo per erigere dei muri: così possiamo riposare tranquilli, convinti che tanto i nostri sogni non sarebbero stati alla nostra portata.

Sappiate che la forza per abbattere quei muri *esiste*, ed è *dentro di voi*. Siete stati voi stessi a costruirli e così come lo avete fatto, potete smantellarli. L'attrezzo giusto per farlo è la vostra *disciplina:* un termine semplice che racchiude in sé tantissime importanti sfumature. La disciplina ci permette di essere più produttivi, di smettere di procrastinare, di cominciare a raggiungere i risultati, in una parola di tornare a *credere nei nostri sogni*. Sogno e disciplina sembrano appartenere a due universi differenti ma sono due facce della stessa medaglia: senza un sogno, un obiettivo, difficilmente riusciremo a trovare la spinta per diventare individui disciplinati, così come senza disciplina sarà difficile raggiungere qualsiasi traguardo.

Tra noi e i nostri obiettivi si mette di mezzo il nostro cervello: proprio così, ci mette i bastoni tra le ruote. È meglio chiarirlo subito: per diventare individui con una disciplina incrollabile, produttivi e propositivi, dovrete scendere a patti con il vostro cervello. Conoscerlo, per difendervi. Conoscerlo per usarlo a vostro favore. Perché non sempre lui giocherà nella vostra metà campo.

Le neuroscienze hanno compiuto scoperte importantissime, che oggi possiamo utilizzare per dotarci di quell'arma segreta che ci permetta di tornare a essere persone che raggiungono i propri sogni. Attraverso la disciplina.

Iniziamo dunque questo viaggio nell'affascinante universo del cervello umano, imparando poco per volta a conoscerlo meglio e a controllarlo in modo che possa aiutarci nell'intento di migliorare la nostra vita. Non c'è posto per pregiudizi e convinzioni: tutti possiamo diventare individui dotati di una disciplina incrollabile. Provare per credere.

Capitolo 1

Il cervello: un organo misterioso

Il cervello è l'organo più straordinario del corpo umano. Su questo credo che nessuno abbia dubbi: se è vero che non ci tiene in vita come fa il cuore, è altrettanto vero che senza di esso non ci sarebbe vita (quantomeno vita cosciente). La stessa evoluzione dell'uomo è legata a doppio filo all'evoluzione del suo cervello. Il nostro cervello ci contraddistingue rispetto alle specie animali che popolano la terra: in rapporto a tutti gli animali presenti sul globo, l'uomo è quello "più intelligente", ovvero caratterizzato da un coefficiente di encefalizzazione maggiore (dimensioni del cervello rispetto alle dimensioni del corpo).

Ma cos'è, biologicamente parlando, il cervello? Il cervello è un organo e fa parte del sistema nervoso centrale, di cui rappresenta l'organo principale: si trova nel cranio e, assieme al tronco encefalico, compone l'encefalo. Il cervello è costituito da due grossi emisferi, ovvero due "metà" simmetriche e contrapposte, che prendono il nome di emisfero sinistro ed emisfero destro; essi costituiscono la corteccia cerebrale, ciò a cui comunemente ci si riferisce quando si parla di cervello.

La corteccia è il luogo dove avvengono quei processi che, per la maggior parte, sono ancora avvolti nel mistero. Anch'essa può essere suddivisa in parti o sezioni, detti lobi, per la precisione quattro: lobo frontale, lobo parietale, lobo occipitale e lobo temporale.

Il lobo frontale è quello da sempre oggetto di maggior interesse e maggior numero di studi: non solo perché da solo rappresenta circa un terzo dell'intero volume del cervello, anche perché è lì che le numerose informazioni che ogni istante "colpiscono" il nostro cervello vengono elaborate e sintetizzate al fine di gestire pensieri e processi mentali e attuare comportamenti.

Il lobo frontale si può ulteriormente suddividere in corteccia motoria e corteccia prefrontale. La corteccia motoria, come il nome suggerisce, si occupa esclusivamente di informazioni provenienti dal sistema motorio, mentre la corteccia prefrontale vanta un numero elevatissimo di connessioni con diversi sistemi corporei (sensoriale, motorio) e strutture deputate alle emozioni e alla memoria.

La corteccia prefrontale ha un ruolo fondamentale nella nostra vita: è lì che la nostra mente prende decisioni, decide come regolare il nostro comportamento, guida le nostre azioni a seconda degli obiettivi che ci siamo posti. Possiamo considerarla la nostra "sala di controllo": se c'è un amico o un nemico nella nostra mente, sicuramente si trova lì! La psicologia si riferisce alla corteccia prefrontale come al "sistema esecutivo" di una persona. Quando pensiamo al nostro carattere, a ciò che ci caratterizza, alla nostra personalità... ecco, tutto ciò è contenuto nella nostra corteccia prefrontale.

Il lobo parietale ha funzioni meno "elevate", per così dire, ma non per questo meno fondamentali. Principalmente si occupa dell'elaborazione delle informazioni visuo-spaziali e della propriocezione (la capacità di una persona di percepire la posizione del proprio corpo nello spazio). Il lobo parietale presiede inoltre alle funzioni matematiche e a quelle di riconoscimento del linguaggio.

Il lobo occipitale è super specializzato e si occupa esclusivamente dell'elaborazione delle informazioni visive: tutto ciò che vediamo viene elaborato lì, analizzato e poi integrato nel complesso delle informazioni date in pasto alle altre strutture del cervello.

Infine, il lobo temporale si occupa di riconoscimento visivo, percezione uditiva, affettività e memoria.

Come sappiamo tutte queste cose sul cervello? Grazie alle neuroscienze. No, non è un errore grammaticale: si dice proprio neuroscienze, al plurale, perché si tratta di un insieme di studi scientifici che hanno come scopo lo studio del sistema nervoso nel suo complesso. L'obiettivo è quello di capire sempre qualcosa di più sul nostro cervello, macchina perfetta e affascinante quanto misteriosa; il metodo scelto è, per forza di cose, quello multidisciplinare: la conoscenza del cervello deve svolgersi su più piani, attingendo alle conoscenze di diverse discipline. Le neuroscienze sono una branca della biologia (ci si riferisce a esse anche con il nome di *neurobiologia*) e si servono di dati e informazioni provenienti da fisica, anatomia, chimica, genetica, matematica, linguistica e psicologia.

Le neuroscienze rappresentano in un certo modo un'avanguardia e oltretutto sono un campo di studi relativamente giovane, nonostante sin dall'antichità si sia cercato di dare una risposta ai numerosi interrogativi riguardanti l'intelligenza umana. Furono i greci i primi a ipotizzare che la sede dell'intelligenza fosse proprio lì, all'interno della scatola cranica; ma fu solo alle porte del Novecento – quasi duemila anni dopo! – che il cervello poté essere studiato come si doveva, grazie in particolare all'apparizione sulla scena di un apparecchio rivoluzionario: il microscopio. Grazie ad esso, Camillo Golgi riuscì a visualizzare e i neuroni e Santiago Ramon y Cajal li studiò e arrivò a ipotizzare che in essi si racchiudeva il segreto del funzionamento del cervello. Golgi e Ramon y Cajal vinsero il premio Nobel per la medicina nel 1906 proprio per queste loro rivoluzionarie scoperte.

Per tutta la seconda metà dell'Ottocento e parte della prima metà del Novecento gli studi sul cervello erano basati su deduzioni: si prendevano in oggetto soprattutto persone che avevano subito danni cerebrali, per cercare di capire da cosa fossero scaturite le loro disabilità. Fu in questa maniera che vennero individuate le diverse aree del cervello e ne vennero descritte per la prima volta le specifiche funzioni.

Oggi le neuroscienze si avvalgono di tecniche di indagine moderne come la PET o la Risonanza magnetica che permettono di gettare nuova luce sul funzionamento del cervello: non sono invasive, non sono pericolose, possono essere utilizzate su soggetti sani e anche durante lo svolgimento di diverse attività. Grazie a queste tecniche l'uomo sta espandendo i suoi studi sul cervello anche agli animali, ad esempio cani e gatti, e sta accrescendo enormemente la propria conoscenza.

Di particolare interesse per la vita quotidiana dell'uomo sono le neuroscienze cognitive, che si occupano dello studio della biologia del cervello in relazione ai suoi processi mentali, ponendo particolare attenzione quindi a ciò che avviene a livello neurale nel momento in cui elaboriamo dei pensieri.

Mente e cervello

Mente o cervello? Qual è la differenza? Ve lo siete mai chiesti?

Diciamo subito che l'uno è il presupposto dell'altra. Non c'è mente senza cervello, in quanto esso è il presupposto, a livello biologico, affinché esiste una mente. Siamo in grado di pensare perché possediamo un cervello composto da molte reti neurali ben funzionanti. E i pensieri sono proprio l'anello di congiunzione tra cervello e mente: ciò che, per così dire, concretizza e rende cosciente l'attività cerebrale che si svolge continuamente all'interno della nostra scatola cranica.

Come si è evoluta la nostra capacità di pensare? Come si evolve ancora oggi e, soprattutto, cosa ha rappresentato e ancora rappresenta la spinta all'evoluzione? Una panoramica storica sull'evoluzione del nostro cervello è d'obbligo per capire qualcosa in più sul nostro funzionamento. Qualcosa che ci tornerà utile nel momento in cui vorremo apportare modifiche a questo sistema: come un ingegnere che riprogramma la centralina di un veicolo a motore, anche noi possiamo metter mano alla nostra "centralina mentale". Ma voi vi fidereste mai a mettere le mani nel motore di una macchina che non avete la più pallida idea di come funzioni? Aprire il cofano e staccare qualche cavo a caso... non porterà certo al risultato sperato. Eppure oggi molte persone agiscono così: anzi, questo è il comportamento che guida la maggior parte delle persone. Desiderano il cambiamento, investono risorse energetiche, di tempo e materiali in questo cambiamento ma, poi, vedono vanificarsi i loro sforzi poiché non sanno dove "mettere le mani". Non basta la lettura di un articolo preso da un blog per cambiare la propria vita. Ma soprattutto non serve applicare tecniche e strategie che sono state utili a *qualcun altro*. Occorre fare lo sforzo di conoscere la propria mente, ciò che abbiamo appena iniziato a fare in questo libro.

La storia del cervello umano è piuttosto curiosa. La prima specie di ominide a mostrare un significativo aumento delle dimensioni cerebrali è stato l'*Homo erectus*, circa 2 milioni di anni fa. Egli, rispetto ai suoi predecessori, sviluppò in un tempo relativamente breve un cervello di notevoli dimensioni (1000 cm^3 rispetto ai 1300 cm^3 di media dell'uomo moderno). Gli studiosi si sono interrogati a lungo su cosa avesse favorito un veloce sviluppo della corteccia cerebrale: la risposta sembra essere stata individuata nelle mutate condizioni di vita a cui l'*Homo erectus* dovette abituarsi rispetto agli ominidi vissuti prima di lui.

E questa è già una notizia molto interessante: sottoposto a stimoli diversi, l'uomo sviluppa risorse differenti. Il cervello segue questo sviluppo, adattandosi e – in questo caso nel lungo periodo, attraverso le generazioni – aumentando le sue potenzialità.

L'*Homo erectus* è il primo a deambulare eretto ma, soprattutto, è il primo a lavorare pietre bifacciali e ad utilizzare il fuoco a suo vantaggio, per l'alimentazione in primis. Egli caccia, deve spostarsi velocemente per procacciarsi il cibo, deve applicare tecniche di caccia, di conservazione e di cottura dei cibi, e per fare tutto ciò... serve usare la testa: ecco perché, nel giro di relativamente poche generazioni, le dimensioni del suo cervello crescono molto velocemente. La necessità aguzza l'ingegno, si dice ancora oggi: in questo caso, pare essere andata proprio così!

Un altro aspetto sottolineato dagli studiosi è stato il regime alimentare differente seguito dall'*Homo erectus*. Proprio grazie all'utilizzo del fuoco egli poteva cucinare la carne cacciata, poteva conservarla più a lungo e poteva anche mangiarne di meno per raggiungere l'apporto calorico di cui necessitava: per farla breve, questo ominide mangiava meglio, e ciò potrebbe essere stata una delle cause alla base dello sviluppo del suo cervello.

Sapete cosa successe quando nel Neolitico gli ominidi da nomadi cacciatori diventarono agricoltori e allevatori stanziali? Le dimensioni del cervello si ridussero leggermente. Proprio così: meno stimoli, meno avventura, meno necessità di "spremere le meningi".

Altro fattore promotore della crescita delle dimensioni del cervello nell'*Homo erectus* fu il linguaggio: l'utilizzo della parola fu un potentissimo stimolo alla crescita cerebrale.

Per capire la differenza tra mente e cervello, l'evoluzione della specie *Homo*, di cui facciamo parte in quanto appartenenti alla specie *Homo sapiens*, ci viene di nuovo in aiuto. Con un aneddoto curioso che ancora tiene in scacco gli studiosi di tutto il mondo.

Sappiamo che l'uomo di Neanderthal "perse" il confronto con l'*Homo sapiens* e sparì dalla terra in un giro di tempo relativamente breve; ciò che forse non tutti sanno è che l'uomo di Neanderthal, il "perdente", aveva un cervello... più grande. Più grande anche di quello odierno. Verrebbe naturale chiedersi: come è possibile? Come è potuta scomparire la specie più intelligente?

Gli studiosi non hanno ancora detto l'ultima parola in merito ma pare che il cervello dell'uomo di Neanderthal fosse più sviluppato (molto più sviluppato) nel lobo occipitale, l'area, come abbiamo visto, deputata alle funzioni visive. Egli insomma disponeva di una maggiore capacità visiva e di percezione dello spazio e questo poteva essere dovuto alle sue migliori doti di cacciatore. Anche in questo caso, dunque, si ipotizza che uno stimolo maggiore abbia favorito lo sviluppo del cervello.

Ma cervello più grande non sempre si traduce in maggiore intelligenza "sul campo": sia come sia, l'*Homo sapiens* alla fine l'ha spuntata, rimanendo l'unica specie di *Homo* presente sul pianeta Terra.

Abbiamo visto dunque come cervello e mente siano due concetti non sovrapponibili. Una cosa che li accomuna sono la necessità di stimoli: il cervello umano si è evoluto sotto la spinta della necessità e sotto l'effetto di stimoli molto forti. La mente ha seguito, alimentando a sua volta il cervello e decretandone lo sviluppo biologico.

Non si può parlare di mente senza parlare di cervello. E non si può parlare di sviluppare, controllare, cambiare la mente senza prendere in considerazione i fattori biologici che influenzano il funzionamento del cervello.

Conscio e inconscio

Quante volte avrete sentito parlare di "paure inconsce" o chiesto a qualcuno se era "conscio" di fare quello che stava facendo? Sono due termini relativi alla mente con cui tutti noi abbiamo familiarità. Ma sappiamo davvero cosa vogliono dire? Cosa è l'inconscio, che influenza ha nelle nostre vite, cosa vuol dire avere coscienza di qualcosa?

La questione è squisitamente psicologica e chiama in causa nientemeno che Sigmund Freud, uno dei grandi padri della psicanalisi. Fu lui a teorizzare la psiche tripartita, ovvero divisa in tre "luoghi" psichici a cavallo tra conscio e inconscio. Questi tre luoghi sono l'Es, l'Io e il SuperIo, termini che molti di noi avranno sicuramente già sentito nella vita. Occorre fare un salto indietro assieme a Freud per capire l'importanza di questi concetti; che, c'è da dirlo, sono stati anche superati nella psicologia moderna, ma restano fondamentali per permetterci una lettura della nostra mente inclusiva di quegli elementi "nascosti" (inconsci) e quindi non esattamente immediati da riconoscere.

Freud vedeva la psiche umana come un sistema tripartito. Innanzitutto, cosa si intende per psiche? Il suo significato principale è quello di "anima", ma comunemente designa la mente, ovvero l'insieme delle funzioni cerebrali, affettive, relazionali ed emotive di una persona. Freud intendeva dunque anch'egli studiare la mente: per farlo formulò varie teorie, la più famosa delle quali è certamente quella relativa a Es, Io e SuperIo.

Egli credeva che alla base di tutte le nostre funzioni cerebrali, e quindi del nostro comportamento e delle nostre azioni, ci fosse l'Es, "luogo" della mente che risiede totalmente nell'inconscio, con ciò intendendo che non c'è possibilità da parte dell'uomo di conoscere o controllare i suoi processi. Accadono al di sotto del livello di coscienza umana: ne siamo vittime e spettatori, ma non possiamo scegliere direttamente di intervenire su di essi.

L'Es è il luogo delle pulsioni, dei desideri, di tutto ciò che viene *rimosso* dalla coscienza perché considerato moralmente scorretto. L'Es rappresenta la nostra parte più sfrenata: non a caso lo stesso Freud lo paragonò a un cavallo al galoppo. Esso agisce in base a un solo principio: il *principio di piacere*. Tende cioè a soddisfare costantemente tutte le nostre pulsioni, si potrebbe dunque dire che lavora a nostro favore, ma essendo privo di freni o regole, seguirlo porterebbe a infelici conseguenze nel breve termine.

Al polo opposto rispetto all'Es troviamo il SuperIo: risiede anch'esso quasi interamente nell'inconscio ed è composto da tutto il bagaglio di valori morali e culturali che abbiamo ereditato dalle generazioni precedenti e interiorizzato a seguito dell'educazione e dell'esempio ricevuti dai nostri genitori. Il SuperIo è un gran "bacchettone" e tendenzialmente pone il veto a quasi ogni cosa. Il SuperIo censura, decide cosa non è appropriato, e quando qualcosa viene ritenuto inappropriato viene in un certo modo "sprofondato" nell'Es, ovvero spedito nell'inconscio e posto al di fuori delle nostre possibilità di controllo razionale.

Il SuperIo è anche il responsabile dei nostri sensi di colpa quando cediamo alle tentazioni dell'Es: il suo scopo è richiamarci all'ordine ma anche, in certo senso, colpevolizzarci quando sbagliamo.

L'Io rappresenta il collegamento tra le altre due parti del sistema (Es e SuperIo). L'Io infatti è a cavallo tra conscio e inconscio: è quella parte della nostra mente maggiormente soggetta a stress e con il più alto carico di responsabilità. L'Io infatti deve costantemente *decidere cosa fare*. Seguire le pulsioni dell'Es e rincorrere il piacere? Perché no, in fin dei conti il nostro cervello, biologicamente, cerca il piacere e fugge dal dolore. C'è però da fare i conti con la società civile, con le sue regole e con tutto il fardello dei nostri principi etici e morali: ovvero, con il SuperIo. L'io è governato dal *principio di realtà* e gioca decisamente nella nostra metà campo: vuole aiutarci a soddisfare le pulsioni, ma ce lo concede solo quando è opportuno.

Se non vi siete mai accorti di tutto questo lavoro che avviene costantemente all'interno della vostra mente... bé, non siete i soli! È praticamente impossibile rendersi conto di tutto, ed è molto difficile già essere coscienti di qualcosa. Ma è un obiettivo possibile e, direi, necessario se si vuole iniziare ad avere un certo controllo sulla propria esistenza. Ma come, direte voi, Freud dall'alto della sua esperienza aveva detto che controllare l'Es è impossibile e ora tu ci proponi un modo per farlo?

No, controllare direttamente la propria mente inconscia è impossibile. Ma è possibile riprogrammarla. Ingannarla, in un certo senso, per fare in modo che lavori per noi, in una direzione che per noi è benefica e produttiva, e non contro di noi. A tutti piace soddisfare le proprie pulsioni e tutti tendiamo naturalmente a farlo: siamo però anche in grado di riconoscere che non sempre ciò può essere fatto e non sempre il costo per farlo è sostenibile, a livello personale e sociale.

Il primo passo verso la possibilità di ingannare la propria mente inconscia e farla lavorare a nostro beneficio è proprio riconoscere che ciò che controlliamo e osserviamo riguardo la nostra mente è solo la punta dell'iceberg. Il resto, il grosso della massa, è sommersa nell'inconscio. Ciò non deve spaventarci, semmai incuriosirci: lo studio dell'inconscio ha da sempre appassionato l'uomo, Freud è anch'esso la punta di un iceberg che nasce già nell'antica Grecia. I più grandi filosofi cercarono di dare una risposta agli interrogativi della mente; e del resto nasciamo "immersi" nell'inconscio, abituati a farci guidare da esso, questo fatto oggi non deve proprio stupirci.

L'inconscio può diventare nostro amico. La sua potenza è in grado di stupire chiunque, soprattutto quando si capisce come sfruttare i suoi meccanismi a proprio favore.

Le preferenze del cervello

Il nostro cervello ha delle preferenze? La questione ha interessato gli studiosi per anni. Data la particolare struttura del cervello, diviso in due emisferi speculari, e considerato il fatto che certe funzioni sembrano essere legate stabilmente a precise aree della corteccia cerebrale, situate nell'emisfero destro o sinistro, la domanda ha una sua base logica molto pertinente.

Usiamo più l'emisfero destro o quello sinistro? Ma soprattutto, da questo fatto dipende l'attitudine personale verso certe attività?

La prima importante considerazione da fare riguardo alle preferenze del cervello è che esso è un organo molto raffinato e complesso che può prendere decisioni, per così dire, in autonomia per raggiungere uno scopo. Lo scopo principale è quasi sempre lo stesso: evitare, o ridurre, il dolore. Il cervello riconosce il dolore e fa di tutto per mettere in atto azioni che portino in direzione opposta. Per questo motivo certe azioni, nella vita, ci risultano così faticose: tutte quelle che coinvolgono sostanze chimiche legate alla percezione di dolore vengono in una certa maniera osteggiate dal cervello, dalle nostre reazioni istintive.

Un secondo principio in base al quale il nostro cervello prende decisioni autonome è quello del risparmio energetico: esso tende sempre a farci consumare meno energie possibili, sia mentali sia fisiche. Per questo motivo ha una preferenza per le risposte automatiche, ovvero quei comportamenti diventati abitudini che non richiedono più uno sforzo consapevole da parte nostra per il loro svolgimento. In risposta a certi stimoli il cervello mette in atto azioni ormai automatizzate: così facendo risparmia energia e va sul sicuro, nel senso che ha già "approvato" quelle azioni come non pericolose, non portatrici di dolore.

Ecco perché troviamo così difficile cambiare abitudini: ne parleremo più approfonditamente più avanti nel libro, ma il principio alla base della nostra difficoltà a lasciare andare "cattive" abitudini è proprio questo. Per il cervello sono azioni efficienti, e dunque cerca sempre di metterle in atto.

Abbiamo visto dunque che il cervello evita il dolore e tende a risparmiare energia: in base a questi principi regola le nostre attività, quantomeno quelle che si svolgono sotto la soglia della consapevolezza. C'è un'altra maniera in cui il nostro cervello influenza la nostra vita: le attitudini personali che abbiamo sono diretta conseguenza della particolare struttura del nostro cervello. Non solo del cervello umano in sé, ma proprio dell'organo individuale che ognuno di noi ha nella testa.

Ogni cervello è diverso dall'altro, su questo concorderemo: le reti neurali che compongono la mia corteccia cerebrale sono organizzate in maniera diversa da quelle di chiunque altro. Siamo unici, anche biologicamente. Se dunque certi tratti comuni alla specie uomo possono essere riscontrati, ognuno di noi è un universo a sé stante.

Proprio questo universo è ciò che gli studiosi hanno cercato di studiare per anni. Per capire se ci fossero delle leggi generali che governano il funzionamento delle nostre menti: ciò avrebbe permesso di gettare un po' di luce in più sui tanti misteri che caratterizzano l'organo affascinante che abbiamo in testa. E, alla fine, le hanno trovate.

Molti dei nostri processi mentali sono prevedibili, ovvero sono regolati in base alle preferenze del nostro cervello. Uno studioso che ha dedicato molti sforzi ad approfondire questa tematica è stato l'americano Ned Herrmann, ricercatore in ambito di creatività e autore dell'Herrmann Brain Dominance Instrument, un test per scoprire quali sono le preferenze del nostro cervello, ovvero come utilizza i due emisferi e quali attitudini personali ne derivano. La ricerca in questo settore è ancora molto attiva e la parola "fine" non è ancora stata messa: lo stesso test di Herrmann non è considerato valido scientificamente dal punto di vista neurologico, ciò non toglie che fornisca indicazioni molto utili. Bisogna però sempre ricordarsi che nessuno di noi utilizza solo l'emisfero destro o solo quello sinistro nello svolgimento di compiti, anche creativi: il corpo calloso, un fascio di fibre nervose che collega tra loro i due emisferi, serve proprio a integrare costantemente le funzioni dei due emisferi cerebrali, e il modello attualmente più accreditato è proprio quello che vede la mente sfruttare appieno le caratteristiche di entrambi gli emisferi, integrandole.

Vediamo come funziona il test di Herrmann e cosa ci dice riguardo al nostro cervello. Si tratta di una batteria di domande mirate a individuare il profilo cerebrale che una persona possiede. Herrmann ha teorizzato l'esistenza di quattro profili: analitico, pratico, sperimentale, relazionale. In base alle risposte date alle 120 domande di cui si compone il test, possiamo venire catalogati in uno dei seguenti profili:

- **Analitico:** il profilo analitico predilige il pensiero logico e razionale ed elabora dati concreti. Caratterizza solitamente persone molto intelligenti e individualiste, competitive e intellettuali. Queste persone solitamente svolgono mestieri di tipo scientifico (area matematica, ingegneristica, chimica)

- **Pratico/organizzativo:** questo profilo ama l'ordine e l'organizzazione ed è caratterizzato da uno spiccato senso pratico. Le persone con questo profilo amano programmare ed avere tutto sotto controllo, sono meticolose, conservatrici e non lasciano nulla al caso. Solitamente svolgono professioni in cui possono mettere in pratica il loro approccio pianificatore (direttori, manager, contabili)

- **Relazionale:** con questo profilo ci addentriamo nell'emisfero destro del cervello. Le persone caratterizzate da questo profilo hanno bisogno di relazionarsi con gli altri, amano il contatto sociale, tendono all'esterno, sono ottimi comunicatori e amano sentirsi utili. Rivolgono spesso il loro interesse verso professioni quali assistente sociale, medico/infermiere, avvocato

- **Sperimentale:** siamo sempre nell'ambito dell'emisfero destro del cervello. Il profilo sperimentale è il creativo per eccellenza: preferisce il canale visuale, è un sintetizzatore, predilige lo sguardo d'insieme sulle cose e rifugge dall'analisi del dettaglio. Queste persone amano sperimentare e si rivolgono a professioni creative quali scrittore, disegnatore, artista, architetto, musicista

I due poli attorno ai quali questi quattro profili si muovono sono quello della razionalità (emisfero sinistro) e dell'intuito (emisfero destra), modulati da una più o meno marcata presenza di un elemento istintivo e intellettuale.

Siamo tutti inquadrabili con precisione in una di queste quattro "caselle"? Ovviamente no. Ma questi profili cerebrali ci danno una chiara idea di quali possono essere le preferenze del cervello, di quali sono i profili cerebrali maggiormente diffusi.

Con noi o contro di noi

Il cervello, una stupenda "macchina" con potenzialità e capacità che superano le nostre possibilità di comprensione. Sarebbe ancora più stupendo se il cervello lavorasse sempre al nostro fianco: la verità è che, spesso, lavora indirettamente contro di noi.

Indirettamente perché, in realtà, il suo unico scopo è quello di favorirci: peccato che a volte i suoi scopi e i nostri scopi semplicemente non coincidano.

Abbiamo parlato di Freud non a caso nel terzo capitolo. Egli è stato colui che ha letteralmente scoperchiato il vaso di Pandora: ha alzato il velo sui processi della mente sui quali l'uomo non ha nessuna (o quasi) possibilità di controllo. Con uno sguardo spietato ha analizzato la mente e ha offerto al mondo il concetto di inconscio: caos supremo, regno dell'incontrollabile, contenitore di tutto ciò che l'uomo non ha i mezzi per affrontare.

Pensare di poter rigare dritto nella vita con un tale fardello sulle spalle può essere preoccupante; eppure ce la facciamo in barba a tutte le difficoltà che sembrano esserci sul cammino. Ecco a cosa serve la disciplina: proprio a disciplinare attitudini, pulsioni e pensieri. Ad avere una vita ordinata, requisito indispensabile per poter avere anche una vita colma di obiettivi raggiunti.

La zona di comfort

In tutto ciò, il cervello lotta per lo più contro questa nostra volontà. E, come detto, non lo fa apposta: egli è il re della "comfort zone". Ne avete mai sentito parlare? La zona di comfort è uno spazio ideale all'interno del quale ci sentiamo tranquilli e al sicuro. Il cervello è biologicamente programmato per lottare per la sopravvivenza: tutto il suo sistema tende a ciò, è come se ci fosse in atto uno sforzo continuo per avvertirci di eventuali pericoli e aiutarci ad evitarli. Questo sforzo continuo si manifesta in un modello di pensiero che fa sì che la nostra mente ci consigli sempre ciò che è più sicuro fare: ci esorta sempre a rimanere all'interno di un perimetro sicuro, dove i rischi e le novità sono ridotte al minimo. La zona di comfort, appunto.

Tutti noi anche se non ce ne rendiamo conto abbiamo una zona di comfort. Possiamo rendercene facilmente conto tentando di mettere un piedi "fuori" e osservando le reazioni che si innescano in noi. Provate a pensare, in questo preciso istante, di dover fare una cosa che vi procura timore e imbarazzo al fin di guadagnare un premio in denaro. Sono sicuro che la prima domanda che la vostra mente vi proporrebbe sarebbe "sì, ma di quanto denaro si tratta?". Come a mettere le mani avanti e iniziare a convincervi che, in fin dei conti, probabilmente non vale la pena di rischiare e fare fatica. Il rischio e la fatica sono due grandi campanelli d'allarme per il cervello e ricordatevi che tenterà tutto il possibile per convincervi a rimanere fermi dove siete.

L'anima primitiva del cervello

Bisogna poi considerare che il nostro cervello, per molti aspetti, è rimasto fermo all'età della pietra... o quasi. Come detto, è attentissimo a ogni potenziale rischio che può palesarsi nella nostra vita. Sapete come si traduce tutto questo nella pratica quotidiana? Nel fatto che siamo molti più sensibili agli eventi negativi che a quelli positivi. Proprio perché il nostro cervello, plasmato da millenni di vita "selvaggia", nella preistoria, caratterizzati da pericoli e minacce a 360 gradi, non ha smesso di pensare in quell'ottica. Ecco dunque un'altra maniera in cui il nostro cervello lavora contro di noi: ci rende sempre più difficile liberarci da negatività e stress, perché in automatico la sua attenzione si rivolge lì, in quanto ritiene che siano elementi più importanti ai fini della sopravvivenza di quelli che ci rendono "semplicemente" felici.

Se avete mai provato una sensazione di difficoltà nel tentativo di sgombrare la mente, o anche solo di essere ottimisti e positivi, sappiate che è del tutto normale. Ciò non vuol dire, però, che siamo destinati a subire la particolare natura del nostro cervello senza poterci fare assolutamente nulla.

La positività richiede allenamento

La cattiva notizia, dunque, è che il nostro cervello lavora contro di noi. O meglio, in una maniera che la maggior parte delle volte non è adatta alla vita che conduciamo, al contesto in cui viviamo, ai pericoli che affrontiamo tutti i giorni. La maggior parte di noi non vive nella foresta tropicale o nella savana popolata di leoni, dunque questo modo di elaborare gli eventi esterni da parte del cervello, semplicemente non è funzionale allo stile di vita moderno.

La buona notizia è che, come dicevamo, qualcosa si può fare. Ci si può allenare a condizionare un po' il "focus" del cervello, possiamo imparare a forzarlo a concentrarsi su una cosa rispetto che un'altra. E attenzione: è un passo assolutamente necessario da compiere se vogliamo dare una svolta alla nostra vita, sviluppare maggiore disciplina, essere più produttivi. Se ci adagiamo comodamente e lasciamo che il cervello faccia strada... la probabilità è quella di trovarsi su vie che non vorremmo percorrere.

Quindi, vediamo in breve cosa fare per poter condizionare il nostro cervello a spostare il suo focus di attenzione:

- Fare caso agli eventi positivi che accadono nella nostra vita: per quanto piccoli possano essere, registriamoli e concediamoci il tempo per rifletterci sopra

- Abituarsi a pensare a breve termine: al bando i grandi progetti a uno, due, cinque anni, portano solo ansia e di conseguenza negatività nella nostra vita. È più saggio e utile focalizzare l'attenzione su obiettivi a breve o massimo medio termine, concreti e raggiungibili.

- Smettere di pensare al passato: l'imperativo è concentrarsi sul presente. Solo pensando e vivendo nel presente saremo in grado di sfruttare a pieno le nostre energie e mantenere alta la produttività, allontanando ansie (futuro) e possibili rimuginazioni sterili (passato)
- Pensare per obiettivi: organizzare le giornate per piccoli obiettivi facilmente raggiungibili aiuta a diminuire il rischio percepito dal nostro cervello e contribuisce a tenere alta la motivazione

I bias cognitivi: cosa sono?

Il nostro cervello è primitivo. Ormai l'abbiamo ripetuto talmente tante volte che dovreste esserne convinti: non andiamo in giro con gonnellino di pelliccia e clava di legno in mano, ma per quanto riguarda la nostra mente... poco ci manca. Questo è un interessante e affascinante contrasto: più le scienze effettuano scoperte rivoluzionarie riguardo al funzionamento del nostro cervello, più scopriamo che pensiamo in modo terribilmente simile ai nostri antenati. O sarebbe meglio dire che il nostro cervello agisce ancora sulla base degli stessi istinti che guidavano le azioni degli uomini dell'età della pietra (ed epoche precedenti).

Abbiamo visto come tutto, o quasi, ruoti attorno al concetto di semplificazione: il cervello ha bisogno di semplificare, automatizzare, velocizzare, il tutto per far sì che a noi rimangano sufficienti risorse mentali per prendere le decisioni che siamo chiamati a prendere.

Ma proprio riguardo al prendere decisioni sorgono delle insidie. Anche quando si tratta di decidere, il nostro cervello ama "andare al risparmio": ecco scendere in campo le euristiche e i bias cognitivi. Se non ne avete mai sentito parlare non siete i soli, ma posso già anticiparvi che conoscete benissimo questi processi mentali e li padroneggiate ancor meglio, pur senza saperne magari nulla al riguardo. Uno dei tanti affascinanti misteri della nostra mente...

Come dicevamo, il nostro cervello non ha tempo da perdere. Ha bisogno di capire tutto e di capirlo in fretta, poiché a suo parere il rischio è sempre dietro l'angolo e non c'è letteralmente tempo da perdere. Ecco perché ricorre alle comodissime euristiche quando c'è da capire qualcosa: esse non sono altro che scorciatoie mentali, per così dire, modelli di interpretazione della realtà che tendono a semplificare la realtà stessa al fine di renderla più immediatamente comprensibile. Si basano sulle esperienze passate e sulle conoscenze, è come se il cervello facesse riferimento a ciò che già sa e di cui ha potuto fare esperienza per interpretare e comprendere la situazione nuova cui si trova di fronte. In questa maniera, il processo di comprensione si accelera e il momento in cui effettuare la decisione si avvicina velocemente.

Il beneficio delle euristiche è appunto quello di far risparmiare del gran tempo. Non ci addentriamo nei meandri di una questione, non c'è bisogno di farlo, la comprendiamo anche senza l'intervento del pensiero logico. Ecco l'altra faccia della medaglia: l'euristica non è un processo di pensiero logico, salta a piè pari alle conclusioni facendo ricorso, come abbiamo visto, all'esperienza e alla conoscenza già posseduta.

Fin qui, in fin dei conti, nulla di male: basterebbe ricordarsi che *tendiamo a semplificare* e a ricondurre tutto entro margini rassicuranti, a muoverci insomma dentro un perimetro conosciuto. Prendiamo dunque l'abitudine di chiederci: sono sicuro di aver capito? Spingiamo sul pedale del freno, bypassiamo le scorciatoie mentali e addentriamoci nella materia che vogliamo essere sicuri di aver capito bene bene, fino in fondo. Ciò potrebbe diminuire le probabilità di finire vittime di un bias cognitivo.

Eccoci alla vera nota dolente del ragionamento umano: i bias cognitivi. I bias altro non sono che giudizi, particolarmente veloci, formulati senza critica e fondati su percezioni errate o distorte, pregiudizi e ideologie. Vi chiederete perché mai dovremmo far uso di un giudizio così a rischio di essere errato: semplice, i bias cognitivi ci semplificano di non poco la vita, aiutandoci a effettuare scelte e decisioni laddove rischieremmo di impantanarci. Una mente che si impantana non può progredire, non può pensare ad altro, insomma non può far fronte alla sopravvivenza: ecco perché il nostro cervello ricorre alle euristiche e ai bias cognitivi, per assicurarsi di avere sempre il controllo della situazione e permetterci di "sbrogliarci" in fretta ed efficacemente dalle mille questioni giornaliere con cui ci troviamo ad avere a che fare.

Eppure è proprio qui che casca l'asino. La velocità decisionale ha il suo prezzo: "grazie" ai bias cognitivi, rischiamo di procedere con il paraocchi e di finire per *far sempre le stesse scelte*. Possiamo vedere i bias cognitivi come la veste "estrema" in cui si presentano le euristiche: la loro distorsione, in fin dei conti. Un modo per prendere decisioni talmente facile e veloce che non si preoccupa nemmeno di affondare le proprie radici nella realtà. I bias cognitivi, infatti, spesso sono assolutamente scollegati dalla realtà dei fatti. Le passano sopra, la sorvolano, in virtù della semplicità decisionale.

Credete di esserne esenti? Ricredetevi. Ne siamo tutti "vittime", a diversi livelli; ciò che possiamo fare è certamente imparare a riconoscerli, al fine non tanto di liberarcene del tutto ma di poterci rendere conto di quando entrano in azione. Riprendere il controllo insomma, almeno per quanto riguarda le scelte importanti e impattanti della nostra vita. La consapevolezza di cosa sono i bias cognitivi e come impattano sulla nostra vita ci permette di *pensarci due volte*, analizzare meglio una situazione che, magari, davamo già per conclusa. Nella vita personale, in quella lavorativa, nelle scelte in ambito finanziario e in tanti altri frangenti poter avere il controllo della situazione è un vantaggio enorme, assolutamente da non sottovalutare: la maggior parte delle persone, come visto, agisce come se avesse il pilota automatico nel cervello! Non certo per volontà o per colpa di qualche presunta mancanza, semplicemente perché il nostro cervello è programmato per funzionare così.

La conoscenza dei meccanismi con cui opera il nostro cervello ci permette di essere la pecora nera del gruppo. Sapete cosa caratterizza le pecore del resto, no? O meglio, i cosiddetti pecoroni: la tendenza a imitare il comportamento degli altri. Se fan tutti in una certa maniera... Voi, grazie agli insegnamenti di questo libro, avrete la possibilità di decidere *realmente* cosa fare, in tutte quelle situazioni in cui il vostro cervello vi avrebbe indirizzato automaticamente verso la scelta migliore per lui. Che, come abbiamo visto, è sempre la più comoda. Vedremo nella seconda parte del libro quali bias cognitivi influenzano maggiormente la nostra vita in ambito decisionale e come affrancarci dalla loro influenza.

Ormoni e cronobiologia

C'è un altro modo in cui il nostro cervello lavora sia a favore che contro di noi. Anzi, sarebbe meglio dire il nostro corpo nella sua globalità, anche se al comando c'è sempre lui: il cervello. Avete mai sentito parlare della cronobiologia? È quella branca della biologia che si occupa dello studio dei fenomeni periodici e della loro sincronizzazione in base a fattori ambientali. In pratica, detto in termini semplici, si occupa di studiare come il nostro corpo si adatta e reagisce all'alternanza giorno/notte-sole/luna.

Piante, animali e uomini conducono la loro esistenza in base a ritmi circadiani (ciclo di 24 ore), ultradiani (cicli più brevi di 24 ore) e infradiani (cicli più lunghi di 24 ore). Non si scappa: tutti regoliamo la nostra esistenza in base a questi ritmi e gli studiosi si sono occupati di capire come il corpo si adatta a questi cicli, come regola le proprie funzioni. Scoprendo che il cervello, anche in questo caso, ha un ruolo centrale: tramite la sua produzione di ormoni, regola gran parte delle funzioni corporee in modo che esse siano sincronizzate con i ritmi esterni, ambientali.

Il centro di produzione ormonale del cervello è l'ipofisi, una piccola ghiandola situata alla base del cervello; essa, attraverso la secrezione di diversi ormoni, si occupa di controllare l'attività metabolica ed endocrina del corpo. Ovvero i processi attraverso cui il corpo consuma energia e, in ultima analisi, funziona. Ecco quindi che il nostro cervello è nuovamente legato a un'azione di controllo di tutte le funzioni corporee.

Numerosi studiosi e ricercatori si sono interessati ai ritmi biologici e a come il corpo umano si adatta all'alternanza giorno/notte. La cronobiologia si serve delle conoscenze di molte altre discipline, tra cui rientrano anche la psicologia e la medicina, proprio per lo studio degli ormoni. Sono state effettuate numerose scoperte interessanti, soprattutto nel corso del Novecento, e da queste scoperte è stato possibile dedurre importanti conoscenze riguardo al funzionamento del corpo umano nelle varie ore del giorno.

Ritornando alla domanda che ci siamo posti in precedenza – ovvero come il nostro cervello può lavorare con noi o contro di noi – se ci concentriamo sulla cronobiologia la risposta è semplice: in diverse fasi del giorno le nostre energie fisiche e mentali sono a un livello diverso. Conviene conoscere dunque come i livelli energetici oscillino durante la giornata, al fine di sfruttarli al meglio e di non metterci a lavorare in direzione opposta a quanto sarebbe opportuno. Ma prima bisogna fare una premessa: siamo tutti diversi e siamo diversi anche nel nostro rapporto con i ritmi circadiani.

Esistono infatti persone mattiniere e persone notturne. Non è una leggenda metropolitana e i nottambuli non sono persone "strane": sono persone che, effettivamente, funzionano in maniera leggermente diversa dagli altri. La maggior parte di noi non è strettamente né di un tipo né dell'altro, in quanto i limiti tra un *cronotipo* e l'altro non sono così netti. Certamente però possiamo riconoscerci più in un modello rispetto che in un altro. Altrettanto certamente la nostra società è più adatta al tipo mattiniero: tradizionalmente si inizia a lavorare presto al mattino e ci viene consigliato di andare a letto abbastanza presto la sera. Vita difficile per i tipi notturni, la cui efficienza è massima nelle ore serali mentre faticano a "ingranare" nella prima parte della giornata.

In base a questa distinzione, possiamo elaborare una serie di consigli che possono essere utili per massimizzare la propria produttività: si tratta infatti di sfruttare una predisposizione naturale e avvalerci della collaborazione del cervello, che con il suo arsenale di ormoni fa in modo che tutto si svolga secondo i piani prestabiliti. Il nostro compito sarà solo quello di fare la cosa giusta al momento giusto: sfruttare le finestre ideali per certi tipi di attività, in base all'attività ormonale del cervello.

Persona mattiniera: non ha grossi problemi a fissare la sveglia anche piuttosto presto, ha il suo picco di efficienza nella prima parte della giornata e ha bisogno di andare a dormire piuttosto presto. È controproducente prevedere importanti carichi di lavoro nella parte finale della giornata, così come programmare incontri o attività significative dopo cena

Persona notturna: ingrana la marcia dopo le 10:30-11 del mattino, mentre rende molto bene nelle ore serali e finanche notturne. È controproducente fissare attività importanti a livello cognitivo la mattina presto, meglio dedicare quelle ore ad attività "meccaniche" che non richiedono troppo impegno. Le ore serali sono un periodo d'oro: è un peccato non sfruttare questa efficienza cognitiva e produttiva

Oltre ai cronotipi, se vogliamo sfruttare la spinta del nostro cervello per massimizzare la nostra produttività durante il giorno dobbiamo tenere conto anche del ritmo biologico proprio dell'essere umano. Questo ciclo circadiano vede diversi picchi per le varie funzioni fisiologiche in determinati periodi del giorno: anche in questo caso sarebbe sciocco non sfruttarli, opponendosi a qualcosa che al corpo viene naturale. Vediamo a grandi linee come si divide la giornata:

- 6-9: cessa la produzione di melatonina (l'ormone "del sonno"), aumenta la pressione sanguigna, corpo e mente si trovano in uno stato elevato di allerta, la produzione di testosterone è al suo massimo
- 12-18: è il momento della giornata in cui la coordinazione è migliore, tempi di reazione più brevi intorno a metà pomeriggio, picco dell'efficienza cardiovascolare e della forza muscolare verso le 17
- 18-24: picco della temperatura corporea e picco della pressione sanguigna, inizio della produzione di melatonina intorno alle 21 e stop ai movimenti intestinali verso le 22:30

- 24-6: temperatura corporea ai minimi, fase di sonno più profonda intorno alle 2

Queste sono le quattro fasi in cui a grandi linee si divide la nostra giornata. Sono indicazioni utili da seguire per programmare le proprie attività se state sperimentando un calo di prestazioni o se avete difficoltà ad essere disciplinati, ovvero a seguire un programma che vi è stato imposto o che avete fissato voi stessi. Nella produzione ormonale e nelle sue varie fasi potreste trovare una prima risposta alle vostre difficoltà.

Ciò che più conta è ascoltarsi e, soprattutto, non lottare contro i mulini a vento. Se siete persone mattiniere, costringervi a stare alzati la notte per lavorare non contribuirà ad avvicinarvi all'obiettivo tanto agognato. Non si tratta di disciplina, si tratta di poca furbizia: quello che credete impegno è in realtà una zappa tirata sui piedi. Perché cervello e corpo presentano sempre il conto in termini di fatica, e quando lo presenteranno ciò contribuirà a un inevitabile calo del vostro rendimento e delle vostre prestazioni, con conseguente depressione della motivazione (ne parleremo in seguito nel libro).

Quindi seguite con razionalità le indicazioni che il nostro corpo e la biologia ci danno. Questo sì significa avere disciplina: assecondare ciò che fa bene a corpo e mente, anche se avremmo a volte voglia di fare diversamente. Ricordatevi di guardare all'obiettivo a lungo termine, per ispirarvi, e concentratevi sugli obiettivi a breve termine, per motivarvi. Così facendo avrete il cervello dalla vostra parte: e come avete ormai capito, non è poco.

Piacere e dolore

Tutti sembriamo orientati, nella vita, alla ricerca del piacere. Sarebbe abbastanza sciocco se così non fosse, giusto? Eppure sappiamo anche che una certa dose di sofferenza nella vita è ineliminabile e sinanche necessaria. Per vivere la nostra vita orientata al piacere, dobbiamo provare una dose di dolore. Dose controllata e contenuta, ma pur sempre presente. Perché allora alcune persone trovano così difficile sopportare anche le più piccole fatiche necessarie a conquistare un piacere più grande?

La risposta arriva anche in questo caso dal cervello. Il nostro cervello, biologicamente, è "settato" sul piacere. Ha una grande area deputata ai circuiti relativi al piacere ed è estremamente sensibile a qualsiasi stimolo che provochi un'azione che come risultato ha una sensazione di piacere. Si tratta di un meccanismo sensibile e raffinato, che evolve nel tempo assieme a noi e diventa sempre più reattivo agli stimoli provenienti dall'ambiente che ci circonda.

I centri cerebrali collegati al piacere sono numerosi e tutti collegati in maniera estremamente efficace a diverse funzioni mentali e corporee. Il corpo umano è un sistema, nel suo complesso. Estremamente sensibile alle sensazioni piacevoli. Volete sapere perché? Il motivo è che quasi ogni attività che ci procura piacere è correlata alla nostra sopravvivenza. E come abbiamo già avuto modo di vedere, il cervello parteggia per la nostra sopravvivenza, al punto di "sabotare" le nostre stesse azioni se esse sono in contrasto con quanto esso ritiene utile ai fini della sopravvivenza.

Avete mai pensato a quali sono i più grandi piaceri della vita? Per la stragrande maggioranza delle persone possiamo individuare due grandi aree del piacere: il cibo e il sesso. Inutile fare i moralisti: ricerchiamo il piacere in queste due grandi aree per il 90% del nostro tempo. Mangiare bene, mangiare sano, cucinare per sé stessi o per gli amici, assaggiare cibi nuovi e inconsueti, sperimentare nuovi ristoranti... Sono tante le sfumature legate al piacere di alimentarsi. Pensate anche solo al piacere che proviamo quando, affamati, ci sediamo a tavola dove qualcuno ha preparato un piatto caldo per noi.

E che dire del sesso? Il piacere fisico, la condivisione del piacere con un'altra persona, l'innamoramento, il corteggiamento, la conquista di una bellissima donna o di un affascinante uomo sono tutte attività che provocano in noi picchi intensissimi di piacere. Bene, riflettiamo un attimo a cosa sta alla base di queste due attività: la necessità di mantenersi in vita. Proprio così:

riguardo al cibo direi che la cosa non richiede ulteriori spiegazioni, riguardo al sesso per comprendere il concetto dobbiamo sforzarci di lasciare da parte condizionamenti morali e culturali che contraddistinguono in molti casi la specie umana.

Non si parla forse di "orologio biologico" in riferimento al desiderio che sorge in molte donne, a una certa età, di diventare madri? Il sesso è legato al nostro istinto di sopravvivenza in quanto permette la procreazione, che è ciò che ha reso possibile la colonizzazione del pianeta Terra da parte dell'*homo sapiens*. Tutto questo discorso per dire che, se il nostro cervello è sensibile al piacere e alla ricerca di sensazioni/esperienze piacevoli, non lo è per caso: lo è perché è programmato per farci sopravvivere. Dunque punta a farci mangiare e a farci riprodurre.

Siamo programmati in questa maniera, è inutile lottare contro un sistema biologico vecchio migliaia di anni. Contrapporre principi etici o morali non servirà a niente: una comprensione profonda di questi meccanismi, invece, sarà molto utile allo scopo di vivere una vita quanto più possibile vicina all'ideale che abbiamo in mente. Soprattutto se quell'ideale contempla la disciplina e l'autocontrollo, dal momento che come avrete già capito lottare contro la nostra innata tendenza alla ricerca del piacere non è facile.

Non è facile perché interviene il dolore. Il cervello è estremamente sensibile anche alle sensazioni di dolore fisico e la sua reazione è una e una sola: fuggire, allontanarsi. Il dolore è legato al concetto di rischio per la sopravvivenza, pericolo, imprevisto; segnala elementi/situazioni/comportamenti da evitare. Blocca il processo di apprendimento di un'azione e ne ostacola la sua automazione; troviamo difficile avere disciplina nella vita proprio per questo motivo: il circuito dell'abitudine è favorito e supportato dal meccanismo del piacere, se cerchiamo di automatizzare azioni o comportamenti che comportano un certo grado di sofferenza, il supporto da parte del cervello viene meno.

Siamo destinati quindi a un futuro da Homer Simpson, sul divano a guardare la tv con una cassa di birre ghiacciate di fianco? Per fortuna... non sempre. Abbiamo la possibilità di fare ciò solo quando decidiamo di volerlo fare. Superare la barriera posta dal nostro cervello e dai suoi circuiti di risposta automatica è possibile, ma la prima cosa che bisogna fare è proprio prendere coscienza del fatto che non sarà facile.

- Il cambiamento non è facile. Bisogna prenderne coscienza: sottovalutare le difficoltà non aiuta a superarle, semmai è proprio il contrario

- Saremo sempre più attratti dal piacere e dalle comodità e rifuggiremo le fatiche. Bene, ora che lo sappiamo siamo pronti a preparare un piano d'azione che includa anche stratagemmi e soluzioni per i momenti di difficoltà e sconforto che *sicuramente* arriveranno nel nostro percorso verso il cambiamento

- Non si può basare la propria disciplina personale solo su attività che comportano sforzo, fatica e una certa dose di dolore. Ricompense e gratificazioni sono *necessarie* e non sono sinonimo di debolezza. Sono ciò che ci permette di sfruttare gli efficienti circuiti cerebrali legati agli automatismi

- Una moderata dose di dolore contribuisce a caricare di senso l'attività che l'ha causata, a patto che il dolore sia moderato, cessi in tempi ragionevoli e sia seguito da una adeguata ricompensa. Impariamo a sfruttare questo meccanismo: bilanciamo fatiche e ricompense in relazione al valore dell'azione che vogliamo compiere.

Un esempio: al termine di un'escursione di quattro ore in alta montagna, ne sarà valsa la pena se si potrà giungere a una meta che offre piaceri ed esperienze di valore (un panorama mozzafiato, la sensazione di essere in cima a una montagna, un pranzo sostanzioso a base di ottimi prodotti tipici presso un rifugio, la vista di elementi naturali che non sono accessibili a tutti). Se ci costringeremo a camminare quattro ore sotto il sole nelle campagne dietro casa, senza un obiettivo da conquistare né una meta da raggiungere, senza vedere niente di nuovo o di piacevole, sarà facile percepire l'esperienza come solo "dolorosa" e associare alle attività svolte sentimenti negativi. Nel primo caso, invece, la fatica e il dolore provati durante la fatica saranno percepiti e archiviati nella nostra mente come positivi, sopportabili e portatori di sentimenti comunque positivi.

Il ruolo chiave della dopamina

Non si può parlare di piacere senza nominare lei, l'elemento chiave nella formazione delle sensazioni piacevoli: la dopamina. Tutti, più o meno, sappiamo cos'è. Siamo meno ferrati invece sui meccanismi con cui essa entra in gioco nelle reazioni che portano a provare la sensazione di piacere e a decidere, quindi, di continuare a svolgere una determinata azione.

La dopamina è un neurotrasmettitore tra i più importanti e la sua funzione non è esclusivamente quella di rendere possibile la sensazione di piacere. Proprio la sua natura eterogenea ci dà il primo indizio sulla sua importanza per qualsiasi discorso inerente ad abitudini e disciplina: la dopamina è coinvolta in importantissime funzioni di controllo, tra le quale quelle relative al movimento, alla memoria, all'attenzione, alla regolazione del sonno. La dopamina è prodotta da neuroni che si trovano in specifiche aree del cervello e, in quanto neurotrasmettitore, permette ai neuroni di comunicare tra di loro. Essa sostanzialmente è "portatrice" di specifici messaggi che inducono le cellule di varie parti del corpo ad attivarsi.

La dopamina è implicata anche in molti dei meccanismi alla base dell'apprendimento. E siccome le nostre abitudini non sono altro che risposte automatiche apprese, va da sé che la dopamina svolge un ruolo essenziale anche nella formazione delle abitudini stesse. Non si può sfuggire alla dopamina, insomma, semmai bisogna imparare a riconoscere come essa agisce sul nostro cervello e a sfruttare questa conoscenza a nostro vantaggio.

Vediamo come la dopamina influenza il nostro modo di agire:

- Essa viene prodotta e rilasciata quando un segnale nell'ambiente attorno a noi ci richiama alla mente un'azione che ci ha procurato piacere. La dopamina viene rilasciata nel momento in cui si forma in noi *il desiderio di quel piacere*. Ciò vuol dire che il desiderio è già esso stesso piacere: attiva in noi un'anteprima, per così dire, della soddisfazione che ci procurerà il piacere garantito dal compimento di una specifica azione

- Il desiderio stimola in noi l'azione, sostenuta dall'ormone adrenalina (la dopamina ne è un precursore) che dà i segnali alle cellule di preparare il corpo ad effettuare una attività

- Ad azione compiuta, la serotonina "suggella" il raggiungimento del piacere trasmettendoci una sensazione di appagamento e soddisfazione

Va da sé che, essendo una reazione a catena che esita in qualcosa di estremamente positivo, il cervello la riconosce e la archivia come positiva, da ripetere, da mettere in atto al riconoscimento del più piccolo segnale. Ecco perché, nel tempo, diventa sempre più difficile opporsi a queste reazioni: perché nel momento stesso in cui percepiamo il segnale in grado di attivare i comportamenti automatici che ci conducono al raggiungimento del piacere, la dopamina interviene nel nostro sistema centrale per permetterci di "assaporare", di pregustare la soddisfazione e l'appagamento che proveremo. Difficile opporsi!

La dopamina, non a caso, ha un ruolo centrale nelle dipendenze. Le sostanze psicoattive come le droghe causano un rilascio aumentato e importante di dopamina. Ecco perché riescono a vincere le nostre resistenze e a battere la ragione: agiscono sul punto più sensibile del nostro cervello, sul meccanismo del piacere, inondandolo letteralmente di esperienze percepite come piacevoli e, dunque, "positive".

Da questo quadro sembra scaturire l'ipotesi peggiore: siamo destinati a perdere nella lotta contro il nostro cervello e i suoi meccanismi orientati alla sopravvivenza e alla ricerca del piacere. Invece, per fortuna, non è proprio così. Possiamo sfruttare la dopamina a nostro favore, con un pizzico di furbizia. Essa è legata a doppio filo alla gratificazione, alla ricompensa: qualsiasi azione che vogliamo che si ripeta, qualsiasi comportamento che desideriamo diventi automatico per noi, deve produrre in una qualche maniera sensazioni piacevoli.

La disciplina non è, dunque, un elenco di regole faticose e spiacevoli a cui obbedire a testa bassa. Non funzionerebbe mai così, ora ne abbiamo le prove. Dobbiamo essere più furbi di così e riuscire a trasformare qualcosa di poco gradito in una esperienza tutto sommato piacevole. Tutto sommato: ovvero non ci deve importare che per raggiungere un particolare obiettivo contempli il fatto di effettuare numerosi sforzi, ciò che deve attrarre la nostra attenzione sono i benefici, la gratifica finale.

Dobbiamo sforzarci attivamente per riconoscere i benefici e i piaceri correlati a un'attività che sappiamo che ci comporterà della fatica. Bisogna proprio "ingannare" la mente spostando la sua attenzione sugli aspetti piacevoli: enfatizziamoli, dedichiamo a loro maggiore attenzione, analizziamone le caratteristiche, proviamo a emozionarci al riguardo.

Un semplice esempio potrà servire a chiarirci questo processo:

- Vogliamo prendere l'abitudine di rifare il letto ogni mattina, cosa che invece ci dimentichiamo regolarmente di fare

- Proviamo ad analizzare perché vogliamo prendere questa abitudine: perché ci dà fastidio alla sera infilarci in un letto disfatto? Perché temiamo che polvere e sporco possano insinuarsi sotto le lenzuola durante il giorno? Magari possediamo un animale domestico e ci infastidisce trovarlo sul nostro lenzuolo durante il giorno, quando sale sul letto per dormire? Ci è successo che arrivassero ospiti inattesi in casa e ci siamo imbarazzati di fronte al letto ancora disfatto nel pomeriggio?

- Sono tutti validi motivi ed è importante riuscire a risalire al *nostro* motivo. A quel punto, concentriamoci su di esso. Focalizziamoci sulle emozioni negative che ci causa. Rintracciamo la sofferenza insita in quelle motivazioni: per quanto piccola e trascurabile in confronto ai veri problemi della vita, esiste anch'essa e il nostro compito è di *amplificarla*, per far rivolgere lì l'attenzione della mente

- Bene, ora concentriamoci sui piaceri e le ricompense che rifare il letto appena alzati, la mattina, ci porterà: saranno a vario titolo legati all'eliminazione della sofferenza causata dal lasciare il letto disfatto. Anche qui, enfatizziamo le sensazioni positive, le emozioni piacevoli a cui rifare il letto ci condurrà

- Ora pensiamo alla gratificazione. Se le emozioni positive legate a questa nuova attività non sono sufficienti a gratificarci, cerchiamo una ricompensa esterna. Potremmo, ad esempio, pensare all'acquisto di un nuovo copriletto dal design particolarmente accattivante, unico, particolare, che "parli" in una certa maniera di noi e che ci faccia sentire soddisfatti. Immaginiamoci nell'atto di ricevere ospiti a casa che ci fanno dei complimenti per il nostro nuovo copriletto: "Bellissimo, ma dove l'hai trovato? Ne vorrei anche io uno così!"

- Nel momento in cui intraprenderemo per la prima volta la nuova azione (rifare il letto), ricordiamoci di tutto ciò. Concentriamoci sulle emozioni positive, attivando il circuito del desiderio e assaporando il piacere che verrà. Prendiamolo come esercizio "di stile": un letto rifatto non salverà il mondo, ma ci permetterà

di far pratica in vista delle sfide impegnative
che affronteremo nella vita!

Capitolo 2

Abitudini e disciplina

Qualsiasi discorso inerente alla disciplina non può fare a meno di affrontare il tema delle abitudini. E se quando pensate all'abitudine pensate al bar preferito dove fate colazione ogni mattina, è giunta l'ora di allargare il vostro sguardo. Le abitudini comandano letteralmente la nostra vita e sono il frutto di un sofisticato processo di ottimizzazione energetica che ha luogo all'interno del nostro cervello.

Dobbiamo anche in questo caso partire dal cervello per poter affrontare il discorso. Smontiamo un falso mito: le abitudini dipendono in minima parte dalla nostra forza di volontà e in massima parte dalla natura biologica del nostro organo più sofisticato. Il cervello, infatti, ha un compito importante ogni secondo di ogni minuto di ogni giorno che passiamo su questa terra: risparmiare energie per compiti impegnativi.

Certamente la sopravvivenza è uno di questi compiti. Abbiamo già visto come essa sia un vero e proprio "pallino" per il nostro cervello, che non si smentisce nemmeno in questa occasione: al fine di tenere da parte preziose energie mentali, cerca di automatizzare quante più azioni possibile poiché qualcosa che non richiede la nostra attenzione cosciente richiede, ovviamente, un minor sforzo da parte nostra.

Le abitudini altro non sono che risposte automatiche a stimoli che il nostro cervello ha imparato a riconoscere. Sono azioni che abbiamo ripetuto talmente tante volte che ormai esulano dal nostro controllo cosciente: riceviamo lo stimolo e, in automatico, rispondiamo mettendo in atto il comportamento fissato nel nostro cervello. Ed è proprio il caso di dire così: le abitudini si "cementano" grazie a specifici circuiti neurali dedicati solo all'automatismo.

Quindi in presenza di uno o più stimoli, interni o esterni, reagiamo mettendo in atto un'azione che abbiamo appreso grazie a numerose ripetizioni. Fin qua tutto chiaro ma viene subito spontaneo chiedersi: come fa il nostro cervello a selezionare, tra le tante risposte possibili (ovvero i tanti comportamenti con cui possiamo reagire ad uno stimolo), quelle più convenienti? Quelle cioè che vale la pena di fissare?

Ecco svelato l'ultimo ingrediente dell'abitudine, il più importante di tutti: la gratificazione. Ormai dovrebbe essere chiaro che il cervello persegue il piacere e rifugge dal dolore; chiedetevi ora come fa a discernere tra azioni da premiare e indurci a ripetere e altre da scartare poiché considerate non vantaggiose. Lo fa in base alla ricompensa che quell'azione ci procura. Se un'azione o un comportamento è vantaggioso, ci provoca piacere, allora verrà fissato nei circuiti cerebrali e diventerà automatico in risposta a dati stimoli. In caso contrario, ci verrà richiesto ogni volta un notevole sforzo volontario per rispondere nella maniera che *noi* vogliamo a uno stimolo, piuttosto che adottare la risposta che il cervello ha selezionato per noi.

Gratificazione, ricompensa, piacere: ma di cosa si tratta nella pratica? Nulla di fantascientifico: piacevole è qualcosa che mette in circolo dopamina nel nostro corpo, come abbiamo visto. Ve l'avevo detto che il cervello ha il controllo su tutto, eccone la prova: gli è molto facile controllare le nostre azioni, esso stesso regola la quantità di dopamina che viene prodotta in risposta a certi stimoli dunque "sa" bene cosa ci procura piacere e cosa no. Ecco perché è così facile prendere "cattive" abitudini: in un modo o nell'altro, ci procurano sempre piacere!

Ecco che ora il quadro è completo. Dunque l'abitudine segue un percorso ben preciso: stimolo/segnale, azione, ricompensa. Credevate di aver scelto le vostre abitudini? Dovrete rivedere il vostro sistema di credenze: siamo prigionieri di esse, in senso letterale. Dipendiamo dagli effetti dei circuiti cerebrali che esse sfruttano, dunque il nostro mettere in atto un'azione abitudinaria non è mai frutto di una libera scelta. Volendo guardare il lato positivo della cosa, ciò libera un sacco di energie mentali di cui abbiamo costantemente bisogno per poter utilizzare le cosiddette funzioni superiori del cervello: memoria, cognizione, apprendimento, problem solving, sono esempi di attività che richiedono tutta o quasi la nostra attenzione per poter essere svolte. Non potremmo farle se dovessimo, ogni secondo della nostra vita, pensare a svolgere azioni che in realtà nella maggior parte dei casi svolgiamo da quando siamo bambini.

Le abitudini però possono anche, per così dire, indurci in tentazione. Abbiamo visto infatti che sono legate a doppio filo ai circuiti del piacere. L'azione che è in grado di scatenare un maggior rilascio di dopamina, vince: anche al di là della nostra etica e dei nostri principi morali, a volte. È il meccanismo in base al quale si instaurano le dipendenze da sostanze psicoattive come droghe e alcol: queste sostanze sono in grado di agire sul cervello e di causare un rilascio di dopamina immane e immediato, di molto superiore a quello che può essere causato da attività piacevoli naturali e in grado di durare più a lungo nel tempo. Alle dipendenze piace vincere facile, ed è proprio così: essendo la dopamina coinvolta nella formazione dei circuiti cerebrali che regolano la ripetizione e l'automatizzazione dei comportamenti, le cattive abitudini si formano più in fretta e si fissano più saldamente all'interno del nostro cervello.

C'è un altro fattore che gioca a nostro sfavore in tema di abitudini: la nostra innata resistenza al cambiamento. Non amiamo le novità perché... non le ama il nostro cervello: troppi rischi, troppi pericoli, troppe variabili ignote. Dunque noi esseri umani, mediamente, siamo costituzionalmente portati a temere qualsiasi cambiamento. A cercare di evitarlo, di rimandarlo più in là nel tempo, di trovare un modo per far sì che sia meno impattante possibile. Questa filosofia di vita va a braccetto con le abitudini: le abitudini fanno sì che nulla sia nuovo. È proprio il loro segreto: non c'è bisogno di scegliere, di affrontare novità, di venire a patti con il cambiamento.

Se vogliamo intraprendere un cambiamento nella nostra vita, se siamo alla ricerca di una disciplina più ferrea con cui affrontare le giornate, se vogliamo implementare nella nostra vita routine che ci facciano star bene e dire addio alla procrastinazione, non possiamo non affrontare di petto le nostre abitudini per scoprire come liberarci di quelle cattive e fare spazio e a nuove e più vantaggiose abitudini.

Come ingannare il proprio cervello

Da quanto abbiamo visto sinora sembrerebbe di non poter far niente per contrastare il potere del nostro cervello. In un certo senso, è proprio così. Quello tra l'uomo e il suo cervello è un rapporto del tutto particolare: ci serviamo di questo fantastico organo ma ne siamo anche profondamente influenzati in molti dei nostri comportamenti quotidiani. Ciò non è un male, dobbiamo considerare che gli sforzi della scienza ci hanno permesso di maturare molte conoscenze riguardo al funzionamento del cervello e tutta questa conoscenza viene utilizzata oggi dall'uomo al fine di raggiungere un benessere quanto più completo possibile. Si pensi alla psicoterapia, ad esempio: gli psicologi si servono delle informazioni sul funzionamento della mente per aiutarci a superare situazioni di difficoltà in cui subiamo in maniera passiva le "bizze" della nostra mente. Sono situazioni che capitano più spesso di quanto si creda e si originano per la maggior parte delle volte perché noi e il nostro cervello perseguiamo obiettivi differenti. A volte siamo noi a dover cambiare, a volte, con l'aiuto di tecniche specifiche, è possibile influenzare il comportamento del cervello quel tanto che basta a raggiungere i nostri scopi.

Se il nostro benessere è legato al modo in cui conduciamo la nostra vita, è semplice comprendere quanto sia cruciale poter essere disciplinati: poter sempre fare ciò che si ritiene giusto fare, a prescindere dalle condizioni esterne e interne, cioè indipendentemente da ciò che il nostro cervello ritiene più o meno opportuno. Ma come fare se chi controlla il gioco è proprio lui? Come possiamo imporre la nostra volontà quando la maggior parte delle azioni che compiamo ogni giorno sono figlie dell'abitudine?

La risposta è semplice: imparando a sfruttare gli stessi circuiti mentali che il nostro cervello utilizza per "costringerci" a preferire una via rispetto a un'altra. Va da sé che l'ingrediente primo e principale rimane una grande forza di volontà: il desiderio di qualcosa è la condizione necessaria affinché tutto il nostro sistema si metta in moto. A volte saremo fortemente motivati a intraprendere certe azioni, a volte lo saremo meno: non importa, l'importante è che qualsiasi azione che ci mettiamo in testa di intraprendere sia legata a un obiettivo che ha un grande valore per noi. Smettere di procrastinare può essere costoso e impegnativo nell'immediato, ma dobbiamo focalizzarci sugli enormi benefici che ci porterà a lungo termine (ad esempio: un guadagno maggiore, perché saremo più efficienti e produttivi).

Non si tratta quindi di cercare di liberarsi dalle abitudini e negare la nostra natura di esseri abitudinari, ma di imparare a riconoscere le abitudini che lavorano contro di noi e rimuoverle instaurandone di nuove. Il circuito dell'abitudine, infatti, può essere "hackerato": è vero che il nostro cervello fissa le risposte automatiche che noi mettiamo in atto istintivamente, inducendoci a ripeterle, ma è altrettanto vero che possiamo "costruire" un contesto finto, mettere in atto un comportamento progettato a tavolino e gratificarci tramite una ricompensa, al fine di indurre il nostro cervello a riconoscere quel comportamento come portatore di piacere.

Ricordate cosa abbiamo detto circa l'abitudine? Segue un percorso prefissato: segnale/stimolo, routine, gratificazione. Bene, una volta individuata l'abitudine che vogliamo eliminare, vediamo come si può trasformarla in una più funzionale.

1. Segnale o stimolo: è il campanello d'allarme per il nostro cervello. Nel tempo, impariamo a riconoscere molteplici segnali legati a uno specifico comportamento, attingendo dall'ambiente. Dunque occhio a tutto ciò che attiva in noi reazioni che non sono più funzionali: quando vi "scoprite" svolgere un'azione abitudinaria, fermatevi e riflettete a fondo su cosa l'ha innescata. Quando avrete individuato il segnale o lo stimolo principale, concentratevi su di esso: sarà il vostro punto di partenza.

2. Routine: è il comportamento che vogliamo che diventi abitudinario. Occhio a fare in modo che non sia troppo complicato e che possa facilmente essere imparato; le prime volte che lo mettiamo in atto dobbiamo farlo con consapevolezza, prestando attenzione alle azioni che compiamo e alle emozioni che ci accompagnano. L'emozione è un grande facilitatore dell'apprendimento e noi in questo momento stiamo letteralmente insegnando alla nostra mente un comportamento "nuovo".

3. Ricompensa: va scelta con cura. Probabilmente, in caso di azioni che vogliamo diventino abitudinarie ma che non possiedono un forte potenziale auto-gratificante (a chi piace, ad esempio, mettere in ordine la posta che si è accumulata sul tavolo da due settimane?), bisognerà alzare un po' l'asticella e premiarci immediatamente per l'azione eseguita. Scegliete qualcosa che per voi sia davvero molto gratificante e premiatevi: questa è senza dubbio la parte più divertente del procedimento! La ricompensa può essere materiale o meno, l'importante è non giocare al ribasso ed essere sicuri che sia percepito come un piacere dal nostro cervello (ve ne accorgerete in quanto finirete con l'essere appagati).

E... voilà, sistema hackerato con successo! O quasi. L'ultimo ingrediente fondamentale di questo processo è la ripetizione. Paziente, costante, precisa, metodica: ripetete l'azione nuova in maniera coerente per almeno tre settimane. Se vi spingete oltre il mese è ancora meglio. Ricordate: il nostro cervello ha attivato gli stessi circuiti per anni interi, con precisione assoluta. Se vogliamo ingannarlo, dobbiamo metterci una grande dose di volontà e costanza. La ricompensa finale, però, vale assolutamente lo sforzo compiuto.

Riconoscere i bias cognitivi e prendere decisioni autonome

Strettamente correlato al discorso sulle abitudini è quello che riguarda le decisioni che prendiamo ogni giorno. Che sono tante, tantissime: provate a rifletterci per un paio di minuti, pensando a tutte le situazioni in cui quotidianamente vi trovate a dover scegliere cosa fare. Dalle più banali a quelle più importanti. Passare o non passare con il semaforo che è appena scattato sul giallo? Approfittare di un'offerta 3x2 al supermercato? Chiamare oggi o domani per prenotare il cambio gomme della macchina?

Dalle più semplici a quelle più complesse, nessuna decisione è semplice né irrilevante. Ogni piccola decisione della nostra giornata ha in sé il potenziale di innescare una reazione a catena, positiva o negativa. Ecco perché per il nostro cervello le decisioni sono di fondamentale importanza e, come abbiamo visto nella prima parte, si assicura che abbiamo sempre risorse mentali a sufficienza per essere presenti nelle decisioni che contano. E per tutte le altre decisioni? Per la miriade di situazioni in cui ci troviamo quotidianamente a esprimere un giudizio e, dunque, a effettuare una decisione, il cervello si serve di strumenti di pensiero "facilitanti", per così dire. Ovvero ci solleva dall'impegno di dover continuamente analizzare pro e contro di ogni situazione. Ci facilita il compito decisionale.

Le scorciatoie però, si sa, non sempre sono esenti da complicazioni. Abbiamo visto infatti che per permetterci di decidere con facilità, velocità e sicurezza, il cervello rinuncia al processo logico e all'analisi puntuale dei dati provenienti dalla realtà. Potremmo dire che riconosce gli elementi di una situazione e, senza preoccuparsi di analizzarla in maniera oggettiva, ci induce a prendere una decisione interpretando la situazione in base a principi che ora vedremo. Ecco di seguito i più frequenti bias cognitivi che rischiano di metterci "nei guai", ovvero di impedirci di prendere decisioni *reali*, libere da condizionamenti.

Bias di conferma

È certamente il bias cognitivo più noto e maggiormente all'opera tra la popolazione. Questo bias opera in noi facendoci evitare persone e gruppi con idee discordanti dalle nostre, per farci avvicinare istintivamente a tutto ciò che può invece confermare le nostre stesse idee. Ciò fa sì che, anche, diamo più rilevanza alle informazioni in entrate che confermano le nostre credenze. Le altre? Le ignoriamo, passano in secondo piano.

Bias di ancoraggio

Le prime informazioni che riceviamo solo solitamente l'"àncora" alla quale ci aggrappiamo, il punto fermo quando valutiamo le successive informazioni. Ciò fa sì che le nostre valutazioni siano spesso molto relative: le informazioni che abbiamo ricevuto per prime vengono prese – spesso inappropriatamente – come modello di riferimento anche quando non ci sono ragioni oggettive a supporto di ciò.

Illusione della frequenza

Erroneamente selezioniamo nella realtà solo le informazioni che sono in una qualche maniera legate a noi. Crediamo cioè che ci sia una maggiore frequenza di un certo tipo di dato quando in realtà siamo portati a notarlo maggiormente perché fa riferimento a qualcosa che ci riguarda.

Euristica dell'influenza

Allo stesso modo, tendiamo a notare di più ciò che desideriamo in quel momento. Avete fame? Tra i molteplici dati provenienti dalla realtà che vi colpiscono continuamente, noterete maggiormente quelli relativi al cibo.

Bias dello status quo

Come abbiamo visto in precedenza, il nostro cervello fugge davanti al cambiamento, poiché esso rappresenta un potenziale rischio per la sopravvivenza stessa (secondo lui, si badi bene!). Ecco perché il bias dello status quo agisce facendoci sempre ritenere che qualsiasi cosa mini l'ordine attuale delle cose sia potenzialmente pericolosa. Tendiamo a pensare che una scelta diversa da quella sempre fatta, possa portarci a conseguenze avverse.

Bias del presente

Abbiamo appena analizzato le abitudini ed ecco qua un bias potentissimo in azione a favore di esse. Il bias del presente ci fa infatti propendere per la gratificazione immediata poiché ci impedisce di vedere i benefici a lungo termine. Siamo sempre più attratti da un guadagno subito piuttosto che da uno a lungo termine, anche se a volte quello differito si dimostra ben maggiore...

Bias dell'ottimismo

Siete degli inguaribili ottimisti? Non siete i soli. L'uomo tende all'ottimismo e, anzi, a vedere ben più roseo il suo futuro rispetto a quanto in realtà potrebbe essere. Ciò ci porta a essere meno realisti di quanto necessario, soprattutto quando prendiamo decisioni.

Bias di azione

Molti di noi, non tutti, tendono ad agire piuttosto che a rimanere inattivi, senza che siano basi razionali che suggeriscano l'opportunità di farlo. Di fronte a due possibilità, chi agisce secondo il bias dell'azione sceglie quella che prevede un comportamento attivo.

Bias di omissione

Contrariamente al bias di azione, anche quando l'azione si dimostra più vantaggiosa il bias dell'omissione ci fa propendere per la passività. L'omissione, ovvero il non agire, sarebbe preferito in virtù del timore di commettere una scelta sbagliata e di sperimentare i rimorsi ad essa collegati.

Di bias cognitivi ne sono stati individuati altri, ma lo scopo in questa sede non è certo quello di elencarli tutti, bensì di capire come possiamo difenderci da essi. Vi starete chiedendo forse perché allora mi limito ad elencarli? Il motivo è semplice: la conoscenza è potere. In ambito psicologico e di scienze cognitive, ciò è quanto mai vero. Non ci sono metodi "brevettati" per evitare che i bias cognitivi agiscano al posto nostro. Non esistono scorciatoie che ci rendano in grado di far fronte alle scorciatoie che il nostro cervello usa "su" di noi. Bisogna semplicemente diventare più consapevoli. Stare con le antenne alzate. Prendere anche carta e penna, perché no, e annotare cosa è successo in una determinata situazione che ci ha lasciato con l'amaro in bocca per i risultati che ha prodotto. Lì, nell'analisi del nostro processo decisionale, risiede la possibilità di aumentare la propria consapevolezza. Altrimenti saremo destinati a essere sempre vittime: di noi stessi, per giunta, senza un reale nemico da incolpare.

Ricordate, l'obiettivo non è la perfezione... che, del resto, non esiste. L'obiettivo è la *gestione*, la capacità di controllare maggiormente ciò che avviene tutti i giorni all'interno della nostra mente, processi dai quali l'uomo comune è per la quasi totalità tagliato fuori.

Costruire una forza di volontà incrollabile

Senza forza di volontà non si va da nessuna parte. Ve

lo siete sentiti dire qualche volta nella vita? Sarà capitato a tutti, e non a caso: la forza di volontà è assolutamente necessaria nella vita. Anche per quanto riguarda questa caratteristica dobbiamo venire "a patti" con il nostro cervello e capire come ingannarlo, o meglio come circuirlo in modo da ottenere il meglio da lui e non finire vittime dei suoi "trabocchetti".

Si potrebbe essere tentati di pensare che con la forza di volontà ci si nasce. Spesso infatti pensiamo così di noi stessi: ci giudichiamo, ci incaselliamo, e in questa maniera aumentiamo o diminuiamo drasticamente le nostre chance di successo relativamente al compito che ci siamo posti. Un fondo di verità c'è: genetica e ambiente hanno una grossa influenza su ciò che siamo, dunque certamente anche una maggiore forza di volontà può dipendere dalle caratteristiche che abbiamo ereditato dai nostri genitori e dall'ambiente e il modo in cui siamo stati cresciuti. Ma non è assolutamente vero che non si possa sviluppare una forza di volontà incrollabile anche da adulti, anche se la nostra storia passata è ricca di fallimenti e di progetti intrapresi e lasciati a metà. Si può sempre cambiare, sempre. Basta sapere come farlo.

Abbiamo detto che il nostro cervello è coinvolto anche nei meccanismi che presiedono alla nostra forza di volontà. Ebbene sì, e ancora una volta la chiave è il *piacere*: tutto o quasi, nella nostra vita, ruota attorno ad esso. La forza di volontà è infatti strettamente legata alla capacità di autocontrollo, che altro non è che l'abilità di resistere alla *tentazione di una gratificazione immediata*. Siamo cioè costituzionalmente portati a prendere l'uovo oggi piuttosto che la gallina domani. L'abbiamo visto anche parlando di bias cognitivi: la gratificazione immediata ci appare sempre più conveniente, siamo miopi di fronte ai benefici a lungo termine. Spesso siamo proprio incapaci di vederli, per questo motivo ci diamo da fare per raggiungere il piacere a portata di mano e perdiamo la spinta quando si tratta di lavorare per un bene futuro, che arriverà domani o, più probabilmente, dopodomani. Il *piacere differito* non ci attrae.

Eppure il vantaggio è spesso molto consistente: quasi sempre la gratificazione differita è maggiore di quella immediata. Allora perché scegliamo sempre questa? Semplice: è il nostro cervello che ci porta lì, per convenienza e automatismi vari. Ma possiamo scegliere di prendere un'altra strada. A livello cerebrale si tratta di allenarsi a utilizzare maggiormente la corteccia prefrontale, rinunciando al meccanismo di soddisfacimento del piacere che, come abbiamo visto, è potentissimo e agisce al di là della nostra volontà. Per nostra fortuna la volontà è come un muscolo e può essere allenata, possiamo dunque diventare più abili nel controllarci, nell'attendere, nell'impegnarci oggi per un piacere che verrà poi.

Numerosi studi psicologici sono giunti alla stessa conclusione: la differenza tra le persone con scarsa e grande forza di volontà è nella capacità di applicare strategie per *differire la gratificazione*. Dobbiamo cioè imparare a distrarci, a spostare il focus dell'attenzione dal piacere immediato al beneficio maggiore che avremo in seguito. Ci sono diverse strategie per spostare la nostra attenzione e ognuno certamente deve trovare le sue; ciò che conta è imparare a far suonare un "campanello d'allarme" e accorgerci di quando dobbiamo impegnarci a resistere alla tentazione di cedere al piacere immediato. Una volta raggiunta questa consapevolezza, impegnarsi a trovare un modo per ingannare l'attesa sarà più semplice (ed è proprio questa attività di differire la gratificazione che stimola la nostra corteccia prefrontale).

Vediamo quali piccole azioni quotidiane possiamo fare per allenare i muscoli della nostra forza di volontà e diventare maggiormente capaci di controllare i nostri impulsi e resistere alle tentazioni.

Piccole sfide quotidiane: mettersi alla prova, sempre. Ricordandosi che queste piccole sfide sono le prove generali delle grandi sfide che verranno. Se vogliamo ottenere un'autodisciplina di ferro, dobbiamo iniziare da qui. Può essere la scelta di andare a piedi a fare una commissione vicino casa piuttosto che prendere la macchina. O di andare a dormire un'ora prima, leggendo un libro invece che controllando le ultime notifiche dei social network. Sono piccole sfide che certamente ci fanno rinunciare a un piacere immediato, ma che possono condurci a un beneficio molto più grande in seguito.

Mentalità giusta: intraprendere delle piccole sfide non è un comandamento scritto nella pietra ma non è nemmeno un'attività da prendere sottogamba. Bisogna mantenere un atteggiamento leggero, l'ideale è divertirsi, intraprendere una vera sfida con sé stessi in grado di stimolarci a dare sempre di più. Senza però far spazio a sensi di colpa o pensieri negativi: c'è sempre tempo di aggiustare il tiro e l'obiettivo non è quello di esprimere un giudizio su sé stessi.

Azioni inconsuete: un semplice modo per alzare l'asticella è quello di costringersi a compiere azioni abituali in maniera inconsueta, leggermente più faticosa. Può essere anche solo compiere un gesto abituale con la mano non dominante.

Tentazioni: imparare a resistere a piccole tentazioni è importantissimo per stimolare la forza di volontà. Altrettanto importante è imparare a tarare la sfida in modo che porti a un reale beneficio maggiore, una volta che si è riusciti a resistere alla tentazione iniziale. Si può provare a mettersi in situazioni in cui il soddisfacimento del piacere sarebbe facile e immediato e sfidarsi a resistere: può essere anche, semplicemente, ammirare la vetrina di una pasticceria e poi sforzarsi di andare oltre e non comprare niente. In questo caso, farlo per qualche giorno di fila ci consentirà di premiarci con un bel dolce in seguito.

Aumentare la propria forza di volontà è questione di sottoporsi a piccoli e ripetuti sforzi quotidiani. Bisogna essere in grado di cambiare mentalità e imparare a vedere questi piccoli sforzi come step necessari per raggiungere i grandi obiettivi che ci siamo prefissati nella vita. Perché è proprio così: nessun grande cambiamento nasce dal nulla, nessun obiettivo importante viene raggiunto senza sforzo. Se si costruisce l'abitudine allo sforzo, nel piccolo, ci si troverà in breve tempo con una forza di volontà capace di far fronte a sfide molto elevate.

L'importanza della motivazione

Ora che abbiamo capito come costruire una volontà di ferro... cosa ce ne facciamo? Scherzi a parte, la forza di volontà va a braccetto con un altro ingrediente importantissimo per conquistare una disciplina di ferro che ci permetta di raggiungere gli obiettivi che ci siamo fissati: la motivazione.

Anche per quanto riguarda la motivazione, i miti e i fraintendimenti non mancano. Spesso infatti le persone guardano a chi ha successo nella vita invidiandone la "forte motivazione" frutto sicuramente di un passato difficile, una voglia di rivincita, una situazione unica e particolare senza la quale, in base a ciò che pensano queste persone, avere una motivazione a prova di bomba è impossibile. Sembra quasi che l'"uomo comune" non possa avere il privilegio di beneficiare di una motivazione forte per raggiungere gli obiettivi che si è prefissato: del resto, vive una vita comoda e senza grandi mancanze.

Ecco allora che la nostra società ha creato il mito delle motivazioni *estrinseche*. Veniamo spesso considerati al pari di animali da adescare: basta trovare la "carota" giusta e correremo a perdifiato dietro la ricompensa che viene sventolata davanti al naso... senza magari mai raggiungerla davvero. Questo meccanismo è purtroppo all'opera nella nostra società, a vari livelli, ma ben poco ha a che fare con la natura reale della motivazione. Le motivazioni estrinseche in generale hanno una portata molto limitata e il loro effetto benefico si esaurisce abbastanza in fretta. Sono perciò molto inaffidabili: innanzitutto è difficile trovare una motivazione valida per qualsiasi persona (no, nemmeno i soldi lo sono, a dispetto di ciò che comunemente si ritiene), in secondo luogo la spinta motivazionale che ci dà una lauta ricompensa, economica e materiale, si infrange facilmente contro il muro delle prime difficoltà.

Di cosa ha bisogno allora il nostro cervello per attivarsi? Cosa stimola la nostra mente ad adottare il giusto atteggiamento, quello necessario a farci superare ostacoli e difficoltà? Il segreto della motivazione risiede nell'essere una questione strettamente *personale*. Diversi studi ed esperimenti hanno dimostrato che siamo molto più interessati alle ricompense di valore personale, che riguardano la realizzazione e la valorizzazione delle nostre capacità, che a quelle materiali. Un bonus economico, un aumento di stipendio, un viaggio-premio. Tutto piacevole, per carità, ma ciò che veramente cerchiamo è la nostra realizzazione personale. Ecco che allora il lavoro che ci fa sentire utili e valorizzati è estremamente più motivante di quello che ci copre di soldi ma ci annoia a morte o, peggio ancora, calpesta alcuni valori importanti per noi o ci fa sentire invisibili come persone.

Un altro elemento molto motivante per la mente umana è la *sfida*. Proprio così: tutti amiamo la sfida, la competizione, il successo. Non pensate però alla sopraffazione degli altri o alla vittoria a scapito di qualcun altro: amiamo il successo in quanto realizzazione delle nostre capacità personali, valorizzazione delle nostre competenze, attestazione delle nostre abilità. In fin dei conti, l'unica persona a cui aneliamo davvero mostrare i nostri successi... siamo noi. Ecco perché la motivazione va sempre ricercata all'interno di noi stessi, piuttosto che nei desideri delle altre persone o in beni materiali esterni.

Ma torniamo alla sfida. Gli psicologi definiscono *sfida ottimale* quella capace di accendere e stimolare la nostra motivazione senza ingenerare in noi ansia da prestazione. Al di sotto del livello della sfida ottimale, non c'è sufficiente tensione emotiva: non ci muoviamo, non ci mettiamo in moto, la nostra mente dorme, non siamo interessati. Il motivo è semplice: il compito che ci aspetta è troppo semplice. Non c'è gusto nel farlo. Ricordate: l'uomo *ama sentirsi capace*, il solo fatto di sentirsi abile a fare qualcosa è motivante di per sé (ne parleremo tra poco). Se però alziamo troppo l'asticella, la sfida ottimale si trasforma in un'impresa troppo difficile e l'ansia prende il sopravvento: addio motivazione, l'impresa ci sconforta e ci deprime, è molto più facile (e sicuro, pensa il nostro cervello) gettare la spugna.

Abbiamo detto che l'uomo ama sentirsi abile nel fare qualcosa. Questo fenomeno si chiama *esperienza di flusso:* quando siamo impegnati in un'attività in cui siamo molto bravi e capaci, la nostra motivazione è alta e sentiamo meno la fatica, superiamo più facilmente le difficoltà, offriamo con facilità una performance superiore alla media. Dunque, se siete a corto di motivazione e ne avete bisogno con impellenza, provate a cimentarvi in qualcosa in cui riuscite molto bene. Sperimentare la vostra efficacia vi potrà dare la giusta carica per affrontare anche sfide meno coinvolgenti: qualunque sia il compito che vi attende, esiste sicuramente un modo per approcciarlo del tutto personale, che fa leva sulle vostre migliori caratteristiche. A quel punto essere disciplinati e portare a termine il compito prefissato sarà molto più agevole.

Un altro "trucco" molto utilizzato per recuperare motivazione quando questa scarseggia è quello di pensare ai benefici a lungo termine che l'azione che dobbiamo svolgere ci potrà portare. Questo è un po' il succo della disciplina: non bisogna fare una certa cosa "perché va fatta e basta", quella non è disciplina, quella è cieca obbedienza a delle regole. A volte è necessaria, nella vita, ma si può sempre cercare di individuare dei benefici a lungo termine che compiere quelle azioni ci porta. In questa maniera, compierle sarà più piacevole ma soprattutto ci verrà più naturale: saremo più motivati nel farlo.

Motivazione e forza di volontà sono una "forza della natura" per quanto riguarda la disciplina. Anche in questo ambito abbiamo visto come si possano sfruttare le caratteristiche peculiari del nostro cervello per girare la situazione a nostro favore. È inutile, del resto, combattere una lotta senza quartiere contro il nostro cervello: l'avrà sempre vinta lui. Più ci opponiamo, più i risultati saranno scarsi. Ha molto senso, invece, cercare di capire come il nostro cervello funziona e cercare le chiavi di accesso alla nostra mente, diventare dei bravi osservatori di noi stessi e cercare i modi giusti per sfruttare a nostro favore meccanismi e processi che non possono essere cambiati.

Cercare di trovare la motivazione giusta per fare qualsiasi cosa e sviluppare una forza di volontà incrollabile sono sicuramente due azioni imprescindibili per chi aspira a costruire una disciplina personale in grado di portarlo a raggiungere gli obiettivi più ambiziosi.

Fare il pieno di energia

Vi è mai capitato di sentirvi completamente scarichi di energia, soprattutto mentale, proprio quando ne avreste maggiormente bisogno? Sono sicuro di sì. Verrebbe da dire che per sentirsi sempre pieni della giusta energia bisognerebbe essere molto disciplinati... se non fosse che è proprio l'energia quella che ci serve per *diventare* disciplinati. Il classico gatto che si morde la coda.

Ad ogni modo la mancanza di energia mentale, ancor prima che fisica, è la causa del fallimento di molte, moltissime imprese personali. Osservare anche la più semplice e banale delle regole diventa quasi impossibile quando non ci si sente pronti, reattivi, ricchi di forza ed energia. Ecco perché, per imparare ad avere una disciplina di ferro, è importante imparare anche a ricaricarsi di energia.

Primo comandamento: non scaricatevi

Ancor prima di pensare a come ripristinare i vostri livelli di energia, fate in modo di non arrivare esauriti a metà giornata. O, peggio ancora, di alzarvi dal letto già in debito di energia. È un'eventualità tutt'altro che remota, soprattutto se non si sta attraversando un periodo d'oro, se i problemi fioccano dal cielo come la neve e i grattacapi ingombrano la nostra testa. Capita a tutti, ma proprio come quando ci si appresta ad affrontare un diluvio fuori dalla porta di casa... occorre aprire l'ombrello, e ripararsi.

Le regole d'oro per non permettere alle circostanze

esterne di fiaccare i vostri livelli di energia sono semplici: dormire e mangiare bene, riposare il giusto, fare una moderata attività fisica. Consigli triti e ritriti, giusto? Eppure assolutamente imprescindibili. Nessuno ha mai raggiunto grandi traguardi dormendo due ore di notte e mangiando hamburger a colazione. Fidatevi, è così.

Soprattutto se vi sentite particolarmente stressati, tornate alle "basi" e cercate di essere quanto più regolari possibile nell'alimentazione, nel riposo e nella gestione delle vostre attività. Schiacciate gradualmente il pedale del freno prima di trovarvi costretti ad azionare bruscamente il freno a mano.

Secondo comandamento: rispettatevi

Siete umani e, come tutti, avete voglie e desideri. Va bene che stiamo parlando di come sviluppare una disciplina incrollabile, ma non esagerate con la rigidità: divieti e privazioni contribuiscono ad esaurire la vostra riserva di energia, in quanto alimentano tensione e stress. Dunque, siate ligi al dovere ma concedetevi lo strappo alla regola con sufficiente regolarità, e soprattutto concentratevi spesso e volentieri su ciò che vi rende felice. Potete pensare ai motivi per cui avete intrapreso la via del cambiamento, e soprattutto a tutti gli obiettivi che avete già raggiunto in passato e che vi rendono giustamente orgogliosi. Non si tratta di vantarsi ma di avere cura per la propria autostima: persone soddisfatte e sicure di sé sono naturalmente più predisposte all'azione.

Terzo comandamento: staccate la spina

Inutile insistere, se non gira non gira. Se vi sentite la testa vuota e percepite la difficoltà nell'impegnarvi non è evidentemente il momento adatto per farlo. Il vostro sistema-corpo vi sta segnalando che è il momento di staccare la spina per permettervi di ricaricarvi. Due potentissimi fonti di energia sono la natura e la meditazione. Il contatto con la natura, lo stare all'aria aperta, ci permette di aumentare i nostri livelli di vitamina D – importantissima per il sistema immunitario e la salute in generale – e fa bene al nostro umore. I livelli degli ormoni dello stress diminuiscono quando ci rilassiamo in un ambiente naturale. Anche in questo caso, è la prevenzione che fa la differenza: non aspettate di aver bisogno di un mese di ritiro in un eremo in cima alla montagna, concedetevi prima – e con regolarità – momenti di relax a contatto con gli elementi naturali. La vostra mente vi ringrazierà.

Se poi mentre passeggiate nella natura praticate anche la mindfulness... due piccioni con una fava. La mindfulness è un particolare tipo di meditazione che consiste nell'essere presenti nel qui e ora, consapevoli del momento presente e di null'altro al di fuori di esso. È piuttosto semplice da intraprendere come pratica e non è necessario sedersi a gambe incrociate con gli occhi semi socchiusi fissando il vuoto (se invece vi piace fare ciò, ben venga!). I benefici della mindfulness sono stati sperimentati dalla scienza: aiuta a diminuire i livelli di stress, ricaricare le energie, migliorare alcuni parametri fisici importanti per il benessere generale. Tutto ciò che bisogna fare è concentrarsi... a non concentrarsi. Imparare a lasciare scorrere il flusso di pensiero senza pensare a niente in particolare, facendosi aiutare dal ritmo del respiro. La vostra attenzione deve essere lì, sul respiro, sull'aria che entra ed esce. I pensieri andranno e verranno, dovrete limitarvi a osservarli passare, come foste un osservatore esterno della vostra mente. Sembra difficile ma non lo è affatto, la pace della natura può aiutarvi in questa pratica: iniziate con piccoli periodi di tempo, un paio di minuti tanto per cominciare. Poi tornate alle vostri normali attività mentali. Incrementate il tempo man mano che diventate più abili.

Fare il pieno di energia non è difficile. È accorgersi in tempo di quando stiamo per svuotarci di energie la cosa difficile. Prevenire è meglio che curare, quanto mai vero in questo caso: ricordatevi che la mente deve essere pronta e il corpo deve seguirvi, se volete essere disciplinati nello svolgimento delle vostre attività, qualunque esse siano. E per fare ciò, ci vuole una riserva intatta di energie fisiche e mentali.

L'importanza di una routine mattutina

Il modo migliore per assicurarsi che le energie faticosamente ripristinate e messe da parte non si esauriscano sul più bello? Impostare una efficiente routine mattutina. Il mattino ha l'oro in bocca... lo sappiamo tutti, e ce lo ha impresso nella memoria in maniera indelebile il Jack Nicholson di *Shining*. Ciò non vuol dire però che dobbiate per forza di cose svegliarvi alle 5 del mattino per trarre il meglio dalla giornata: come abbiamo visto nel capitolo dedicato a cronobiologia e ormoni, ognuno di noi ha un approccio fisico ed energetico diverso alla giornata. Ciò non toglie che i primi momenti della giornata, indipendentemente dall'orario, siano quelli cruciali per influenzare in maniera positiva i nostri livelli di energia e la nostra capacità di autocontrollo.

Come dicevo in precedenza parlando di energia mentale e fisica, tutto dipende dai nostri livelli energetici: motivazione, forza di volontà, autocontrollo e capacità di resistere alle tentazioni... ogni sforzo è vano se la nostra mente vacilla perché abbiamo esaurito le energie giornaliere. Tempo perso, rischio di fallimenti piccoli o grossi, tono dell'umore che ne risente e obiettivi che si allontanano nel tempo... siamo proprio sicuri di voler affrontare tutto questo? Non sarebbe meglio prestare un po' di cura a come mettiamo giù il piede dal letto alla mattina? Anzi, a essere precisi la nostra attenzione deve iniziare un pochino prima.

Il risveglio

Il risveglio è un momento importante della routine mattutina. Anzi, cruciale. Può dare l'imprinting a tutta la giornata. Un risveglio "storto" e spiacevole, magari con la sveglia che suona per la decima volta e l'orologio che ci dice che siamo già in ritardo ancora prima di partire, farà da preludio a una cattiva giornata. Non si tratta né di scaramanzia né di credenze popolari: il corpo e la mente hanno bisogno del giusto tempo per "carburare" a inizio giornata, incamerare le energie fisiche e mentali necessarie, se si salta a piè pari questa fase correndo come dei pazzi per rispettare la tabella di marcia... ci si tira una bella e grossa zappa sui piedi già all'alba di un nuovo giorno. Dunque la regola numero uno per impostare la giornata in maniera positiva e produttiva è quella di concedersi il giusto tempo per il risveglio. Calcolate quanto vi serve e impostate la sveglia di conseguenza: concedetevi il "lusso" di svegliarvi lentamente, facendo caso al respiro e al vostro corpo che pian piano si risveglia e riprende il controllo di sé. Non programmate la sveglia sull'ora che vi consente a malapena di fiondarvi giù dal letto e correre in giro per casa prima di uscire altrettanto di corsa.

L'esercizio fisico

Numerosi studi hanno dimostrato che la finestra ideale per fare un po' di esercizio fisico è appena dopo il risveglio, prima della colazione. Basterebbero quindici, massimo trenta minuti di blando esercizio fisico a dare la sveglia a corpo e mente e a contribuire ad innalzare i livelli di energia, settandoli a un punto più alto rispetto a chi al mattino si limita a rotolare giù dal letto, un vantaggio tattico da spendere gradualmente durante tutta la giornata, arrivando a sera più freschi e in forma. Tanti vantaggi in cambio di un minimo sforzo. Vale la pena provare, no? Non è necessario correre una mezza maratona o tuffarsi in piscina (...se ce l'avete in casa, beati voi e approfittatene!). Basta eseguire semplici esercizi a corpo libero, o camminare a passo spedito, o pedalare sulla cyclette a ritmo blando. Lo scopo qui è stimolare il corpo a produrre e immagazzinare le energie necessarie alla giornata, non dimagrire né tantomeno allenarsi per una prestazione agonistica.

La colazione

Lo so, lo so... siamo quelli del "caffè e cornetto" in piedi al bancone del bar (quando va bene e non è solo la tazzina di espresso bevuta di corsa). Ma questa "tradizione" italiana non deve trovare posto nella routine mattutina di chi vuole fare il pieno di energia e prepararsi mentalmente nella maniera migliore per la giornata da affrontare. Semplicemente, il corpo ha bisogno di ripristinare le sue riserve energetiche e una colazione ricca e sana aiuta a mantenere stabili i livelli di zuccheri nel sangue (evitando i cali glicemici), che a loro volta servono al funzionamento ottimale non solo del corpo ma soprattutto della mente, avida di zuccheri, in particolar modo per le sue funzioni di memoria. La concentrazione richiede "carburante" e quel carburante lo introduciamo noi attraverso alimenti freschi, sani e leggeri. Dunque una colazione a ritmo lento, ricca e piacevole non può assolutamente mancare nell'ambito di una routine che ci aiuta a ottenere il meglio dalla giornata.

La programmazione

Nessun grande risultato è mai piovuto dal cielo: grandi obiettivi richiedono attenta programmazione. Così anche una grande giornata richiede da parte nostra una semplice, ma attenta, programmazione: per aumentare la produttività è consigliabile fissare degli obiettivi al mattino, appena svegli, prima di cominciare a lavorare. Ciò favorisce la chiarezza mentale e aumenta la produttività: quando sappiamo cosa fare e come farlo, lavoriamo meglio. Per questo motivo il consiglio è di stilare un elenco sintetico ma approfondito: non solo cosa fare ma come farlo e quanto tempo dedicare a ognuno di questi compiti. E, ancora meglio, decidere qual è l'obiettivo più importante della giornata. Ciò permetterà di concentrarsi dapprima su quello, proprio nelle ore mattutine, più produttive.

Nota: dispositivi multimediali

Il successo della routine mattutina è legato anche alla capacità di resistere alla tentazione di fiondarsi appena svegli a controllare notifiche, email, notizie. Gli schermi dovrebbero essere messi al bando. Rimanere disconnessi durante la routine mattutina aiuta la nostra mente a fare il pieno di energie e a mettere a fuoco le priorità. Ciò non è possibile se i nostri processi mentali sono immediatamente influenzati dalle notizie che leggiamo, le notifiche che controlliamo, le email che leggiamo. Disciplina significa anche saper dare a ogni attività il suo giusto contesto: durante il risveglio psicofisico mattutino, non dovrebbe esserci spazio per le distrazioni.

Meglio ascoltare un po' di musica in grado di darci la carica.

Capitolo 3

Ambiente e immagine di sé

Avete mai letto la definizione di *habitat*? L'habitat viene definito come il luogo le cui caratteristiche possono permettere a una specie di vivere, svilupparsi, riprodursi garantendo qualità della vita. La definizione è un po' più approfondita di così, ma ciò che ci interessa in questa sede è porre l'attenzione sull'ultimo aspetto: qualità della vita. Vi siete mai sentiti "fuori posto"? Scommetto di sì. Anche se non ci avete mai riflettuto, ogni volta che vi accompagna una sensazione di *discomfort*, la vostra qualità di vita viene compromessa. E la prima cosa a risentirne sono le vostre energie vitali: proprio le preziosissime energie che abbiamo imparato a conoscere nella seconda parte del libro, quelle che rendono possibile, in ultima analisi, il fatto di essere individui dotati di disciplina. Ecco perché conviene dare la giusta considerazione all'ambiente in cui si vive e lavora.

Proviamo a riflettere brevemente sul fatto che il lavoro assorbe la maggior parte del nostro tempo, per la maggior parte degli anni della nostra vita. Converrà dunque preoccuparsi non solo del tipo di lavoro che si fa, ma anche dell'ambiente in cui si lavora, tenendo bene a mente che se ci sentiamo poco vitali, con bassi livelli di energia e poco inclini ad applicare una disciplina ferrea nella nostra vita, la ragione potrebbe annidarsi proprio nelle caratteristiche dell'ambiente che frequentiamo tutti i giorni per molte ore.

Il nostro cervello è un organo estremamente sensibile, di questo ormai dovremmo essercene convinti tutti. E ogni istante della nostra vita processa una quantità di informazioni incredibile che gli vengono trasmesse dai nostri sensi. I sensi sono sempre all'erta, sempre pronti a captare qualcosa che non va e a trasmettere il messaggio di "attenzione" al cervello, che lo legge come una possibile fonte di pericolo e agisce di conseguenza.

Ecco perché potreste essere costantemente boicottati e non rendervi nemmeno conto di esserlo. Forse i vostri sforzi di essere una persona più disciplinata si infrangono continuamente contro ostacoli che non riuscite a identificare. Se è questo il caso, è giunta l'ora di prestare la giusta attenzione all'ambiente dove lavorate e vivete. Per quanto riguarda casa propria, è abbastanza logico che ognuno di noi cerchi di fare in modo che sia un ambiente confortevole, accogliente, che rispecchia i propri gusti e le proprie necessità. L'ambiente di lavoro, invece, viene spesso sottovalutato. Eppure la ricerca scientifica ha dimostrato che la sua importanza è cruciale nel determinare la produttività delle persone.

Sono stati esaminati tutti gli aspetti che concorrono a formare quello che definiamo ambiente di lavoro e sono state scoperte cose interessanti, applicabili nella vita di tutti i giorni. Vediamo quali sono.

Luce naturale

La luce naturale aumenta il benessere e la produttività. La luminosità è importantissima per i nostri livelli energetici: per sentirci produttivi, mentalmente carichi e poter contare su livelli di energia costanti nell'arco della giornata, dobbiamo fare abbondanti "bagni" di luce naturale. Essa contribuisce anche a migliorare la qualità del riposo notturno. Dunque niente indugi: di giorno bisogna fare il pieno di luce.

Privacy

Ebbene sì, il mito dell'open space è stato smontato da una approfondita ricerca effettuata dall'università di Harvard, la quale ha scoperto che abbassa la produttività e aumenta la ritrosia sociale: proprio così, quando siamo costretti a interagire in maniera prolungata con gli altri, alla fine desideriamo stare per i fatti nostri e rifuggiamo dall'interazione. Dunque per preservare i propri livelli di energia ed essere in grado di applicare la disciplina desiderata nella nostra vita, assicuriamoci di poter lavorare in un ambiente che ci garantisca un minimo di privacy. Uno spazio personale nostro, dove possiamo rifugiarci quando ne sentiamo il bisogno. Se siete costretti a lavorare in mezzo alle persone, assicuratevi di prendervi del tempo solo per voi quotidianamente.

Colori

Evviva il bianco... o forse no. Bianco e nero sono da sempre i colori più utilizzati in quasi tutti gli ambienti di vita e lavorativi, ma la ricerca scientifica ha scoperto che non aiutano concentrazione e produttività. Meglio accoppiarli a colori più indicati per stimolare le energie mentali quali giallo, arancione, verde, blu tenue.

Modificare l'ambiente per massimizzare la produttività

Ora che abbiamo visto che l'ambiente ha una grande influenza sulla nostra mente, sui livelli di energia e quindi, in ultima analisi, su disciplina e produttività, vediamo come fare a costruirci un ambiente "su misura", che sia adatto ad aiutarci nel portare a termine le attività che ci siamo posti come obiettivo. Che si tratti di una postazione di lavoro in ufficio o della scrivania che utilizziamo a casa per lavorare, è importante ottimizzare al meglio l'ambiente circostante, anche con piccole modifiche, perché può essere l'elemento che fa la differenza tra fallimento e successo. Perché, ricordiamolo ancora una volta, ci permette di stare bene e di mantenere intatti i nostri livelli energetici (e non solo, in alcuni casi di ripristinarli anche).

In ufficio o a casa, l'ordine è fondamentale

Può esserci disciplina senza ordine? Domanda retorica di cui sono sicuro sapete già la risposta. Dunque innanzitutto, prima di dedicarvi alle attività quotidiane, siano esse lavorative o relative a vostri progetti personali, organizzate lo spazio attorno a voi. Ordinatelo, disponete gli strumenti che vi servono in maniera razionale, limitate allo stretto necessario gli oggetti attorno alla vostra postazione ed eliminate tutto il superfluo.

Circondatevi di elementi personali e... di bellezza

Un interessante esperimento dell'università di Hiroshima, in Giappone, ha dimostrato che la visione di belle immagini aumenta la reattività e la precisione di risposta. Dunque fate in modo che la vostra postazione sia bella oltre che funzionale: cercate immagini che vi piacciono, positive, serene e mettetele in bella vista. Personalizzate il più possibile la vostra postazione di lavoro, senza eccessi ma facendo in modo di non far mancare oggetti che vi rappresentano o foto che vi ricordano i vostri legami affettivi.

Il potere delle piante

Anche le piante, si è visto tramite alcuni esperimenti, aumentano la produttività delle persone (per essere precisi, fino al 15%). Ci vuole poco a sfruttare il potere vegetale: una piccola piantina o una curiosa pianta grassa sono in grado di abbellire la vostra postazione, trasmettervi i loro effetti benefici e contribuire con il loro colore alla piacevolezza dell'ambiente.

Per rimanere concentrati, muovetevi

Avete presente la classica immagine del manager d'azienda che cammina senza posa da un lato all'altro dell'ufficio mentre sbraita al telefono? Ecco, non mi riferisco a *quel* tipo di movimento... ma la scienza ha scoperto che persone che hanno la possibilità di cambiare la propria posizione di lavoro e di effettuare un piccolo ma regolare movimento durante l'orario di lavoro, rimangono più concentrate rispetto a quelle completamente sedentarie. Basta fare una rampa di scale, o perché no, fare una telefonata in piedi invece che seduti alla sedia.

La giusta colonna sonora

Vi hanno detto che la musica è una distrazione mentre si lavora? Sbagliato. Basta scegliere la colonna sonora giusta in relazione alla situazione. È risaputo che una musica al giusto volume e adatta ai gusti della persona, aiuti la concentrazione invece che renderla più difficoltosa. Permette anche di fare il pieno di energia. Provare per credere: sperimentare un po' con il sottofondo per i vostri momenti di produttività non vi farà alcun male, e sarà anche divertente.

Il comfort

Nessuno riesce a essere produttivo se si sente a disagio. Quindi prestate particolare attenzione all'altezza della scrivania sulla quale lavorate e alla sedia che avete scelto.

Anche in assenza di particolari problemi fisici (che interessano la schiena o le gambe), è consigliabile scegliere una seduta ergonomica che offra supporto e allo stesso tempo permetta il giusto grado di rilassamento. La vostra produttività vi ringrazierà.

Dall'analisi di questi elementi pare sempre più evidente che raggiungere una condizione che permetta di essere produttivi, nonché di applicare la disciplina desiderata al proprio lavoro e alla propria vita, è questione di dettagli. Piccoli, magari banali, ma assolutamente da non sottovalutare. I grandi risultati nascono dalla cura di ogni più piccolo dettaglio. Non solo all'esterno, ma anche all'interno di noi e in quello spazio che, come abbiamo detto, costituisce il nostro *habitat*. Qualità di vita e disciplina sono strettamente legate, non dimenticatelo: per essere produttivi, coerenti e dotati di forza di volontà incrollabile, bisogna infatti innanzitutto stare bene.

Come le relazioni plasmano il nostro cervello

Avrete sicuramente sentito qualcuno dire che siamo tutti collegati, dipendiamo tutti l'uno dall'altro. E altrettanto sicuramente avrete bollato questa affermazione come una stupidata. A prescindere dai valori in cui credete nella vita, devo dirvi che... be', vi piaccia o meno è vero. Siamo tutti collegati e siamo tutti influenzati l'uno dall'altro: a un livello meno consapevole di quello che credete.

Al centro di tutto c'è, ancora una volta, il cervello: un organo dalla struttura molto plastica, che risente delle influenze ambientali e si adatta, si modifica, evolve. Dell'ambiente fanno però parte anche le persone e per questo motivo è corretto affermare che, in un certo senso, siamo le relazioni che abbiamo.

Siamo le nostre relazioni: in che senso, vi starete chiedendo? Nel senso che le relazioni più importanti della nostra vita – quelle con i genitori, o con chi si è preso cura di noi nella prima infanzia – hanno dato l'*imprinting* alla nostra mente. Un'impronta di struttura neurale dalla quale è molto difficile (ma non impossibile) staccarsi. Quando nasciamo siamo indifesi, ancora bisognosi di un lento e lungo sviluppo, desiderosi di scoprire il mondo ma dipendenti dagli altri per poterlo fare: ecco perché cerchiamo da subito una figura di riferimento in grado di offrirci protezione, supporto, conforto.

Questa figura (madre, padre, o altra figura di riferimento affettiva) risponde alle nostre richieste e si prende cura dei nostri bisogni. Il modo in cui lo fa, il grado di responsività che dimostra e la profondità di affetto che ci trasmette determinano una risposta nel nostro cervello: i nostri neuroni si attivano, si formano le reti neurali che andranno a costituire processi mentali che verranno attivati miliardi di volte durante la nostra vita. È un po' come se il nostro cervello imparasse a reagire: queste prime interazioni sono fondamentali per stabilire che tipo di persone saremo da adulti.

Secondo questa teoria, la teoria dell'attaccamento, in base al rapporto con la figura di riferimento noi possiamo sviluppare differenti stili di attaccamento, il quale può essere più o meno sicuro o insicuro. Questa "impronta" sul nostro cervello influenza il nostro comportamento nella vita a livello emotivo, ma anche, in generale, la nostra prestazione in tutti i campi: determina infatti quanto siamo resilienti, in grado di resistere allo stress, affrontare difficoltà, reagire alle situazioni. Il nostro cervello si plasma in risposta a uno stimolo. Bene, se è successo quando eravamo piccoli... può succedere ancora?

La risposta è sì. Anche se in misura minore. La plasticità cerebrale difatti diminuisce con l'età, man mano che il cervello cresce e finisce il suo sviluppo; studi hanno dimostrato che i bambini vittime di abusi in tenera età subiscono danni permanenti a livello cerebrale, nel senso che questa scarica enorme di stress incide sulla linearità dello sviluppo dell'organo, manifestandosi nell'età adulta attraverso una serie di disturbi mentali. Questo deve darvi la misura di quanto relazioni negative, episodi di forte stress e traumi possano incidere sul funzionamento stesso di questo prezioso organo.

Cosa succede da adulti, quindi, se ci troviamo immersi in una relazione negativa? Non sto parlando solo di relazione affettiva. È sufficiente una relazione "tossica" in ambito lavorativo o familiare. Succede che il cervello è sottoposto a continuo stress, che gli impedisce di elaborare le informazioni in maniera corretta e il risultato è un'interpretazione fallace degli eventi e delle informazioni stesse. I nostri cervelli hanno bisogno di risonanza, di rispecchiarsi l'uno nell'altra: quando diciamo che con una persona c'è sintonia, intendiamo esattamente questo. In una situazione di calma, il nostro cervello è in grado di integrare perfettamente tutte le informazioni che si trova ad elaborare. In una situazione negativa, no. Questo porta a una scorretta interpretazione della realtà e, in sostanza, alla sofferenza.

I nostri neuroni non smettono mai di formarsi durante la vita. Abbiate cura dei vostri nuovi neuroni e ricordate che una quantità eccessiva di stress a livello relazionale non può che far danno alle vostre preziose strutture neurali. Se vogliamo "funzionare" al meglio, dobbiamo avere cura di noi in tutti gli aspetti che compongono la nostra esistenza. Relazioni interpersonali incluse.

Smettere oggi stesso di essere un procrastinatore

C'è chi è sempre in ritardo, e chi arriva sempre cinque minuti prima dell'ora prevista. C'è chi attende la scadenza per pagare le bollette e chi lo fa appena il postino gliele consegna. E poi c'è chi preferisce sempre togliersi le incombenze velocemente e chi... procrastina.

Procrastinare vuol dire letteralmente "rimandare a domani" e si può dire che per certi versi sia il male che affligge gran parte della società moderna. Va a braccetto con la ritrosia di fronte a responsabilità e impegni e, se non tenuta sotto controllo, la procrastinazione "selvaggia" può veramente rovinarvi la vita. Perché ha una capacità unica di condurre gli individui dentro a circoli viziosi che possono portare a conseguenze ben poco piacevoli.

È sottinteso che procrastinazione e disciplina non sono buone amiche. La disciplina, come abbiamo scoperto, ci richiede di fare qualcosa al momento in cui va fatto, perché va fatto: la procrastinazione è esattamente l'opposto. E non fatevi ingannare: non si tratta di programmazione deliberata, si tratta proprio di rimandare al domani quel che *doveva* essere fatto oggi.

Come possiamo combattere la tendenza a procrastinare? Innanzitutto riconoscendola per quel che è: un istinto quasi naturale. Ci permette infatti di scegliere ciò che ci gratifica in quel preciso istante invece che ciò che ci gratificherà in un secondo momento. Tutto ruota attorno al piacere, ricordate? Anche la tendenza o meno a procrastinare. Ma può essere efficacemente combattuta. Vediamo come.

1. **Definire un piano di azione:** avrete ormai capito quali sono le aree in cui tendete a procrastinare doveri e impegni. Concentratevi allora qualche minuto e pensate a quali sono le

azioni che dovreste fare e che invece continuate a rimandare: scrivetele su un foglio e tenetelo in bella vista, ciò vi permetterà di smettere di pensare (cosa devo fare? Quando lo devo fare? E via con le rimuginazioni...) e di passare all'azione

2. **Concentrarsi su una cosa alla volta:** se la montagna delle cose lasciate indietro e che ora sono da fare è troppo impegnativa da scalare rischiate di perdere la voglia di fare anche solo il primo passo. Concentratevi su una cosa per volta: dividere l'obiettivo in tanti piccoli sotto-obiettivi permette di essere più efficace e di mantenere il morale alto, così come la motivazione. Inutile spaventarsi per la mole di cose da fare. È più utile cominciare da una, piccola, e procedere con gradualità.

3. **Le cose difficili hanno la priorità:** come scegliere da dove cominciare? Dalla cosa più difficile. Proprio così. Prima toglietevi le incombenze pesanti, poi pensate al resto. Questa filosofia vi aiuta anche nella vita di tutti i giorni, per rimanere più produttivi. Al mattino, quando stilate una lista dei compiti e delle attività da portare a termine durante la giornata, mettete sempre la più importante o più difficile per prima. Liberarvi di questo grosso peso vi permetterà di affrontare la

giornata (e il resto delle cose da fare) con maggiore forza e leggerezza.

Tutto qua...? Sì. Proprio così: facile, vero?

Smettere di procrastinare è molto più facile di quel che sembri. Basta decidere di farlo, e aiutarsi con questi semplicissimi "trucchetti". C'è un risvolto positivo che vi farà molto felici: quando si inizia a smettere di procrastinare, l'autostima e la motivazione salgono come due razzi lanciati nell'iperspazio. E come abbiamo visto, sono ciò che alimenta la nostra forza di volontà e che rendono possibile trasformarsi in individui con una disciplina incrollabile.

Autostima e produttività

L'abbiamo nominata e allora dedichiamo quest'ultimo capitolo proprio a lei, il tassello mancante dell'affascinante puzzle che abbiamo costruito nelle pagine di questo libro: l'autostima. Cosa c'entra, vi chiederete voi, con disciplina e produttività? Provate a sentirvi dei totali falliti, buoni a far nulla... e poi provate a essere produttivi. Ecco perché mantenere un sano livello di autostima è fondamentale per acquisire una disciplina incrollabile, smettere di procrastinare e iniziare ad essere produttivi. Ma cosa influenza la nostra autostima?

Dobbiamo tornare a parlare della mente. Perché l'elemento in grado di fare la differenza per quanto riguarda l'autostima sono le idee che abbiamo su di noi e, in generale, sulla mente stessa. Queste idee possono essere di tipo *fisso* o di tipo *incrementale*. Possiamo cioè credere che sia il destino a decidere chi noi siamo (o la Natura, o Dio, o quello in cui credete) o, al contrario, credere fermamente di potere sempre metterci mano, per migliorare le cose.

Chi possiede un'idea fissa della mente e dell'intelligenza crede in sostanza che si nasca più o meno dotati: nella vita dunque potremo raggiungere solo i traguardi che siamo predestinati a raggiungere. Chi invece possiede un'idea incrementale pensa che intelligenza, abilità e competenze possano sempre essere acquisite. Crede cioè che gli individui possano sempre migliorare, con il giusto impegno.

Riuscite a immaginare chi avrà un livello di autostima più alto? Non è difficile indovinare: gli individui che possiedono un'idea incrementale della mente e dell'intelligenza. Ed è quella che ci serve per acquisire una disciplina incrollabile e diventare super produttivi. Ci serve convincerci del fatto che possiamo farcela, che con le strategie giuste possiamo acquisire la necessaria forza di volontà per raggiungere gli obiettivi che ci siamo posti. Così facendo, infatti:

- Gli ostacoli non ci faranno paura: sappiamo che, con il giusto impegno e il dovuto sforzo (e le strategie apprese in questo libro), possiamo affrontarli

- Qualsiasi piccola vittoria contribuirà alla nostra autostima: sappiamo che è merito nostro, perché ci siamo impegnati e sforzati e abbiamo acquisito le conoscenze necessarie

- I fallimenti e gli errori non ci spaventeranno: semmai ci aiuteranno a capire come "aggiustare la mira" sul nostro obiettivo. Gli errori sono lezioni preziosissime che ci indicano con chiarezza la strada da seguire. Inoltre sappiamo anche che, se questa volta abbiamo fallito, possiamo sempre aumentare sforzo e impegno e provarci di nuovo

Saremo sempre più produttivi: sperimentando di essere efficaci, saremo sempre più motivati a darci da fare. Quando toccheremo con mano che la nostra disciplina funziona, la voglia di procrastinare e la tentazione di gettare la spugna saranno sempre più lontane dietro di noi. Le vedremo farsi più piccole nel nostro specchietto retrovisore fino a quando... non riusciremo a scorgerle più.

Dovete sempre aver cura di ciò che su di voi pensano... le vostre stesse cellule cerebrali! Siamo il motore di noi stessi, gli unici in grado di smuoverci da una situazione di torpore stagnante, rimboccarci le maniche e cambiare finalmente il corso della nostra vita.

Conclusione

Cosa c'entra la scienza con la disciplina?

Arrivati alla fine di questo libro spero proprio che avrete in mano una risposta. Dopo decenni in cui il peso veniva scaricato interamente sulle nostre spalle, possiamo finalmente metter da parte le credenze che ci vogliono "buoni o cattivi", disciplinati o destinati al fallimento. Una disciplina incrollabile è finalmente un obiettivo alla portata di tutti, e con essa tutti i risvolti positivi che si porta con sé: produttività, successo, felicità.

Già, si pensa sempre il contrario ma una vita disciplinata è una vita felice. Una vita che ci permette di realizzarci, di raggiungere i traguardi che desideriamo, di realizzare i nostri sogni. Abbiamo un grande alleato e un grande nemico in questa avventura: il cervello. La scienza ha proprio il ruolo di aiutarci a conoscerlo meglio, insegnarci come "farci amicizia", spiegarci come, con più o meno sforzo (il quale non mancherà mai, fatevene una ragione!), possiamo fare in modo che lavori a nostro favore.

Il cervello è un mistero affascinante. Ancora poco, probabilmente, sappiamo sul suo conto, ma quel poco ci basta oggi per prendere il controllo della nostra vita. La scienza ha proprio questo straordinario e fantastico compito: metterci in mano strumenti potentissimi. Sta a noi, poi, tenerci al passo delle scoperte scientifiche e vivere pienamente il nostro tempo, beneficiando degli sforzi che qualcun altro ha fatto per noi.

Due sono le strade che potete prendere arrivati alla fine di questo libro: potete pensare che i contenuti in esso raccolti siano interessanti, e dimenticarveli dopo una settimana o poco più. Oppure potete applicare davvero questi contenuti interessanti, sarà difficile ma gratificante e alla fine ce la farete. Se vi sarete dimenticati i contenuti letti dopo una settimana, qualcosa dentro di voi vi sta dicendo che non ce la farete. Ma questo libro vi dà gli strumenti per respingere quella voce e prendere il controllo delle vostre azioni. È molto più facile di quanto si pensi, è molto più divertente di quanto si possa immaginare.

Diventare individui dotati di una disciplina incrollabile, persone che hanno detto basta alla procrastinazione e che vivono giornate intense e produttive, è un atto di amore verso sé stessi, nonché verso la scienza che ci ha permesso di scoprire come fare a superare i nostri stessi limiti. Non cedete alla tentazione di pensare che tanto la vita "è tutta qui". Si possono aprire porte e spalancare portoni, per chi lo desidera davvero. Non posso sapere quali sono i vostri desideri, ma posso aiutarvi, con questo libro, a procurarvi i mezzi per realizzarli.

Vale sempre la pena provare. Con i metodi e le tecniche imparate leggendo queste pagine, sarà anche più facile e piacevole. Inoltre, potrete approfondire a vostro piacimento i tanti argomenti che, parlando del cervello, sono stati toccati. Questo ci dà inoltre la misura di come ottenere il controllo su questo affascinante organo tramite la conoscenza stia diventando sempre più un imperativo nel mondo di oggi, per poter vivere una vita ricca e soddisfacente. Gli strumenti, ora, li avete: non fatevi trovare impreparati.

Al vostro successo,
Roberto Morelli

Prima di salutarci, lascia che ti dia

un consiglio di lettura...

MEMORIA SENZA LIMITI: Tecniche di memoria ed esercizi mnemonici per risvegliare il cervello, imparare velocemente e diventare più produttivi

Sapevi che molte persone non sfruttano neanche il 10% del loro potenziale di memoria?

In questo libro imparerai come i migliori maestri di memoria del mondo riescono a concentrarsi a piacimento, ogni volta che vogliono. Dopo averlo letto, sarai in grado di concentrarti davvero sulle tue attività e archiviare e richiamare informazioni utili, raddoppiare la tua produttività ed eliminare sprechi di tempo, stress ed errori sul lavoro.

Insomma, in *"Memoria Senza Limiti"* troverai tutti gli strumenti, le strategie e le tecniche necessarie per migliorare la tua memoria.

Ecco un piccolo assaggio di ciò che scoprirai in questo libro:

- Le cattive abitudini che ti impediscono di ricordare facilmente informazioni importanti

- Come dominare la tua attenzione in modo da concentrarti più a lungo, anche durante situazioni difficili o stressanti

- Le tecniche degli antichi Greci per ricordare tutto quello che vuoi (come lunghi elenchi o informazioni che devi ricordare per i tuoi studi o la tua vita personale) senza scrivere nulla

- Come combinare la tua memoria a lungo termine e quella a breve termine per creare un richiamo istantaneo per esami, presentazioni e progetti importanti

- La tecnica mentale semplice e invisibile per ricordare i nomi senza imbarazzo o ansia sociale

- Come i migliori esperti di memoria del mondo riescono a ricordare qualsiasi informazione a volontà, e come **anche tu** puoi imitarli

- Le migliori strategie per ricordare i numeri, le date, i compleanni, i codici PIN...

- Come utilizzare una mappa mentale per bloccare e collegare centinaia o addirittura migliaia di idee nella tua memoria a lungo termine

Hai mai stretto la mano a qualcuno per poi dimenticarti il suo nome subito dopo? O ti è mai capitato di abbandonare una riunione o un appuntamento per poi ricordare un punto chiave che avresti dovuto condividere con gli altri?

Combinando gli insegnamenti degli antichi Greci con pratiche moderne scientificamente provate, *"Memoria Senza Limiti"* ti aiuterà a migliorare la tua capacità di memorizzazione, diventare più produttivo, ed espandere il potenziale del tuo cervello.

Per saperne di più, inquadra il seguente codice QR con la fotocamera del tuo smartphone:

PENSA COME LEONARDO: Segreti e tecniche per potenziare la mente, scoprire i tuoi talenti e ottenere risultati straordinari

Leonardo Da Vinci fu considerato un "illetterato" nel lontano 1470...

...E grazie a questo libro, stai per scoprire come il più grande genio creativo della storia <u>imparò</u> a pensare fuori dagli schemi, approcciare i problemi nel modo corretto, elaborare idee innovative avanti anni luce rispetto al suo tempo.

Ecco che quindi la domanda sorge spontanea: ...Geni si nasce o si diventa?

Ciò che più desta stupore e ammirazione nella figura di Leonardo da Vinci è la vastità dei campi da lui esplorati: pittore, architetto, inventore, scultore, poeta, musicista. È lui la rappresentazione perfetta dell'**esperto universale**, colui che preferisce approfondire molteplici discipline complementari invece che ultra-specializzarsi in una sola materia.

È proprio l'ultra-specializzazione che, come guardando da dentro un cannocchiale, ti rende cieco a ciò che ti succede di fianco.

"Pensa come Leonardo" ti guiderà attraverso le tecniche che il genio utilizzò per assorbire e memorizzare più informazioni, ottenere una mente creativa e curiosa, e concepire invenzioni che utilizziamo tuttora.

Chiunque può ispirarsi al modello di Leonardo, solo in apparenza inimitabile, per sfruttare le potenzialità inespresse di corpo e mente e scoprire i propri talenti.

All'interno di "Pensa come Leonardo", scoprirai:

* Quando e come Leonardo è diventato un genio

* Come funziona una mente creativa e – soprattutto – come replicarla

* Come generare idee innovative seguendo un metodo step-by-step

* Come risolvere i problemi usando la creatività, anche se non ti sei mai considerato creativo...

* Come costruire una routine quotidiana che stimoli la tua creatività e faccia apparire i tuoi talenti

* Come iniziare a pensare fuori dagli schemi (per davvero, non solo per aggiungere questa frase al tuo curriculum...)

Dallo sviluppare una creatività invidiabile all'espandere i tuoi orizzonti, questo libro ti darà gli strumenti necessari per superare le sfide della vita quotidiana e lavorativa.

Con i giusti consigli, esercizi, informazioni ed astuzie, chiunque può allenare la capacità di pensare fuori dagli schemi, trovare soluzioni a qualsiasi problema e avere successo nella vita.

Inquadra questo codice per scoprire i tuoi talenti e liberare il potenziale della tua mente, seguendo l'esempio di Leonardo:

CPSIA information can be obtained
at www.ICGtesting.com
Printed in the USA
LVHW091523041220
673102LV00003B/39

9 788831 448727